优质泥鳅

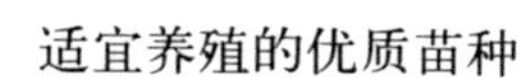

适宜养殖的优质苗种

土池要用生石灰消毒处理

网箱养殖泥鳅

捕捉泥鳅的好工具　地笼

进水时要用细网拦住，
防止敌害生物入侵

投喂成鳅的饲料

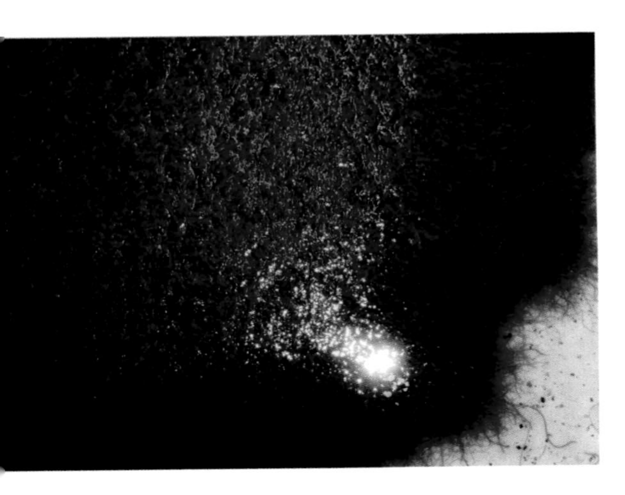

鲜活的动物性饵料

体表受伤的泥鳅

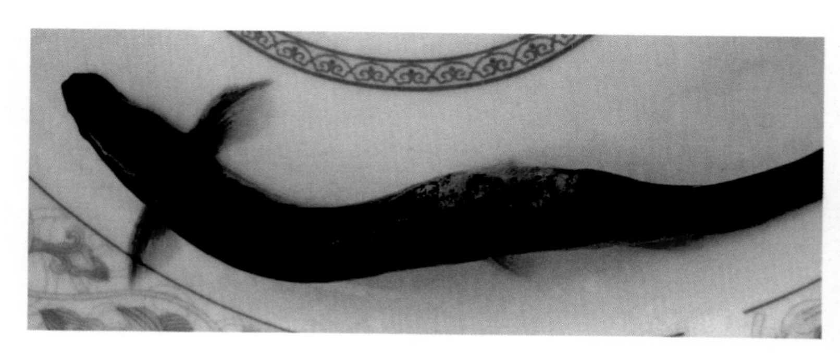

患病泥鳅

泥鳅池塘高密度养殖技术

占家智　羊　茜◎编著

科学技术文献出版社
SCIENTIFIC AND TECHNICAL DOCUMENTATION PRESS
·北京·

图书在版编目（CIP）数据

泥鳅池塘高密度养殖技术 / 占家智，羊茜编著. —北京：科学技术文献出版社，2012.6（2024.1重印）

ISBN 978-7-5023-7216-3

Ⅰ.①泥…　Ⅱ.①占…　②羊…　Ⅲ.①泥鳅—池塘养殖　Ⅳ.① S966.4

中国版本图书馆 CIP 数据核字（2012）第 050069 号

泥鳅池塘高密度养殖技术

策划编辑：孙江莉　责任编辑：白　明　责任校对：张吲哚　责任出版：张志平

出 版 者　科学技术文献出版社
地　　址　北京市复兴路15号　邮编 100038
编 务 部　（010）58882938，58882087（传真）
发 行 部　（010）58882868，58882874（传真）
邮 购 部　（010）58882873
官方网址　http://www.stdp.com.cn
发 行 者　科学技术文献出版社发行　全国各地新华书店经销
印 刷 者　北京虎彩文化传播有限公司
版　　次　2012 年 6 月第 1 版　2024年 1月第 6 次印刷
开　　本　850 × 1168　1/32
字　　数　182千
印　　张　7.5　彩插4面
书　　号　ISBN 978-7-5023-7216-3
定　　价　18.00元

前 言

“水中小人参”，这是人们对泥鳅的爱称。也正是因为泥鳅具有特别的风味和保健功能，加上它的味道鲜美、营养丰富，已经成为人们竞相食用的佳品，更是我国在国际市场上坚挺的出口创汇的淡水鱼类，尤其是在韩国、日本、马来西亚、中国香港和中国台湾等国家和地区深受人们的青睐。

“小品种、大产业”，这是目前对泥鳅养殖的最好写照，发展泥鳅的养殖是服务“三农”的必然选择，是调整农村产业结构、增强农民增收增效能力、拓展农村致富途径的需要，它的高效养殖技术更是发展经济、富裕群众、增强出口创汇能力的技术保证。

近十年来，泥鳅养殖在我国各地迅速发展，究其原因有如下几点：一是泥鳅的价格和价值正被国内外市场接受，人们生产的优质泥鳅成品在市场上不愁没有销路；二是泥鳅高效养殖的技术能够得到推广，许多地方在将泥鳅养殖作为“科技下乡”、“科技赶集”、“科技兴渔”、“农村实用技术培训”的主要内容时，同样也对泥鳅的养殖技术进行重点介绍，这些养殖与经营的一些关键技术已经被广大养殖户所接受；三是泥鳅高效养殖的方式是多样化的，既可以集团式的规模化养殖，也可以是千家万户的庭院式养殖；既可以在小池塘中饲养，也可以在大水面的池塘中饲养；既可以无土饲养，也可以有土饲养；既可以在池塘中精养，也可以在沟渠、塘坝、沼泽地中粗养；既可以常温养殖，也可以在大棚里进行反季节养殖；四是只要苗种来源好，饲养技术得当，可以实现当年投资、当年受益的目的，有助于资金的快速回笼；五是泥鳅的活性强，耐低氧能力非常强，而且它的食性杂，食物来源广泛且易得，这些优良的特点决定了它能在多个场所进行养殖，因此人们在进行水产品结构调整时，往往把它作为产业结构调整的首选品种。

另一方面，泥鳅养殖作为新兴技术，目前在发展中仍有它存在的技术瓶颈，主要体现在：一是由于泥鳅的生物学特性与一般鱼类还是有区别的，有部分养殖户认为它是非常好养的，往往没有进行任何思想准备和技术储备，就盲目上马，最后导致失败；二是泥鳅的部分疾病还没有被完全攻克，例如许多养殖户在养殖中会发现，鳅苗在培育到2.5厘米时，稍有不慎就会大量死亡，鳅农们对此心惊肉跳，把它称为“寸片死”，具体是什么原因以及如何预防治，目前正在技术攻关中；三是苗种市场比较混乱，炒苗现象相当严重，伪劣鳅种坑农害农的现象仍时有发生，给一些农民造成惨重的损失；四是针对泥鳅养殖特有的专用的药物还没有开发，目前沿用的仍然是一些兽药或其他常规鱼药；五是泥鳅的深加工技术还跟不上。

基于以上的认识，加上我们在生产过程中的一些经验，我们编写了这本《泥鳅池塘高密度养殖技术》一书，本书的内容重点是介绍泥鳅的池塘高密度养殖技术及与之相配套的苗种供应、饵料供应等技术，希望能给广大农民朋友带来福音。

本书适合水产养殖单位、养殖户及水产科技工作者阅读参考，如有不当之处，恳请读者朋友指正！

目录

第一章　概述

俗话说“天上的斑鸠，地下的泥鳅”，由于特殊的营养和保健功能，泥鳅被人们誉为“水中人参”。泥鳅肉质细嫩，肉味鲜美，营养丰富，蛋白质含量高，还含有脂肪、核黄素、磷、铁等营养成分，是著名的滋补食品之一。在医用方面，民间用泥鳅治疗肝炎、小儿盗汗、皮肤瘙痒、腹水、腮腺炎等病均有一定的疗效，另外泥鳅也是我国外贸出口的主要水产品之一，泥鳅在国际国内都属畅销水产品。

泥鳅是一种小型经济鱼类，长期以来人们总是从自然界中捕捉，因此很少进行人工养殖。但由于它具有生命力很强、对环境的适应能力很强、疾病少、成活率高、繁殖快、饵料杂且易得的优势，因此从养殖角度来说，它也是一种最易饲养又可获得高产的鱼类，成为池塘主要水产养殖品种之一。

一、泥鳅的分类与分布

泥鳅又称鳅、鳅鱼，属鱼纲、鲤形目、鲤亚目、鳅科、鳅亚科、泥鳅属，本属种类较多，在全世界有 10 余种，常见的有真泥鳅、大鳞泥鳅、内蒙古泥鳅（埃氏泥鳅）、青色泥鳅、拟泥鳅、二色中泥鳅等，其外形基本相差无几，广泛分布于中国、日本、朝鲜、俄罗斯及印度等地。泥鳅是温水性鱼类，在我国分布很广，除青藏高原外，全国各地的河川、沟渠、水田、池塘、湖泊及水库等天然淡水水域中均有分布，尤其在长江和珠江流域中下游分布极广。我们通常养殖的泥鳅是真泥鳅和大鳞副泥鳅，由于真泥鳅和大鳞副泥鳅外表区别不明显，人们通常把泥鳅和大鳞副泥鳅统称为泥鳅。

中国科学院水生生物研究所陈景星在 1981 年出版的《鱼类学

论文集》中，认为我国境内的泥鳅共有3种：北方泥鳅、黑龙江泥鳅和真泥鳅。北方泥鳅主要分布于黄河以北地区，黑龙江泥鳅仅分布于黑龙江水系，真泥鳅在全国各地均有分布。

二、泥鳅的形态学特性

泥鳅的身体细长，前部呈长筒状，腹部宽圆，尾部侧扁，体长4～17厘米，头较尖，吻部向前突出，唇厚，下唇有4须突。口下位，呈马蹄形，眼和口较小。眼间隔宽于眼径，前鼻孔有短管状皮突。口须5对，吻须1对，上颌须和下颌须各2对，一大一小。背鳍位体中央稍后，臀鳍位腹鳍基与尾鳍基的正中间。胸鳍侧下位，成年鳅呈圆形（雌鳅）或尖形且第一鳍条很粗长（雄鳅）。腹鳍始于背鳍起点下方或略后，雄鱼鳍较长。尾鳍圆形。尾柄上下缘略有皮棱，身体上的鳞片细小，埋于皮下，所以一般都会认为它是无鳞鱼。体背及背侧灰黑色，并有黑色小斑点。肛门位臀鳍稍前方。体侧下半部白色或浅黄色，所以又被称为黄鳅，侧线侧中位，常不显明，尾柄基部上方有一黑色大斑。体表黏液丰富，适宜钻洞。

三、泥鳅的生理学特性

农村地域广大，水利资源也广阔，是发展泥鳅养殖业的好地方，很多农户利用现有条件来实施改造，纷纷养殖泥鳅，但是要想养好泥鳅，必须熟悉它的习性特征，以便更好的采取有效的人工管理手段。那么它究竟有哪些主要习性呢？

1. 底栖性

泥鳅为底栖鱼类，生命力强，喜欢栖息在常年有水的池塘、沟渠、塘堰、湖沼、稻田等泥沙底的浅水区，或是腐殖质多的淤泥表层，喜中性和偏酸性的泥土，一般情况很少游到水体的上、中层活动，白天常钻入泥土中，夜出活动觅食。

2. 喜温性

泥鳅属于温水性鱼类，生长适宜水温为13～30℃，最适水温为23～28℃，此时生长最快。当夏天水温超过32℃以上，冬天水温低于10℃以下，或枯水期天旱干涸时，它都会潜到10～30厘米深的泥层或草层中栖息，呈不食不动的休眠状态，此时它们的食欲减退，生长缓慢，只要土壤中稍有湿气，稍有少量水分湿润皮肤，就能维持生命。这是因为，泥鳅除了能够用鳃呼吸外，还能用皮肤和肠呼吸。当次年水温上升6℃以上，泥鳅开始出穴活动。4～10月份是泥鳅生长旺盛的季节。这种夏天进行休眠的现象称为夏眠，冬天进行休眠的现象则称为冬眠。正是由于泥鳅对气候敏感，西欧人对它们都有另外一种称呼——“气候鱼”。

人工养殖，必须对泥鳅养殖环境进行防暑降温，可采用的方法有：

一是在池埂上种植丝瓜、南瓜、葫芦、葡萄等藤蔓形瓜果，并在池塘上方搭建架子供瓜果攀爬，面积占池塘总面积的1/3～1/2。

二是在池边搭设荫棚，以供泥鳅在高温时避暑。

三是在人工高密度养殖泥鳅时，在池角种植莲藕、茭白等挺水植物，或在池塘里移栽水生植物如浮萍、水浮莲等漂浮性水草，以供泥鳅在高温时避暑，同时还可为泥鳅提供部分植物性饲料，还适应了泥鳅对光照强弱的需要。

四是适时加注新水、适当提高水位。

3. 耐低氧

泥鳅比一般的鱼类更耐低氧，它除了能用鳃呼吸外，肠和皮肤也有呼吸作用，用肠呼吸是泥鳅特有的生理现象，肠呼吸量可占全部呼吸量的1/3以上。泥鳅肠壁薄，肠管直，血管丰富，分布广，具有辅助呼吸、进行气体交换的功能，当水中缺氧时，泥鳅游到水面吞空气在肠内进行气体交换，废气则由肛门排出，这多发生在气候骤变、低压暴雨来临前，所以泥鳅能适应底层静水体的缺氧环境。

如果水干涸或者冬季钻入淤泥中，靠湿润的环境行肠道呼吸，可长期维持生命。

泥鳅对缺氧环境的抵抗力，远胜于其他的养殖鱼类。因此，它是一种增产潜力很大的养殖鱼种，既适合于高密度养殖，有很大增产潜力，又可在运输时不易因缺氧而死亡。据密封装置实验显示，在水温 24.5℃时，泥鳅幼鱼在水中溶解氧低达 0.46～0.48 毫克/升时才开始死亡。泥鳅成鱼在水中溶解氧低达 0.24 毫克/升时才开始死亡。池养情况下，缺氧时泥鳅会游至水面吞食空气，进行肠呼吸，因而，即使溶氧低于 0.16 毫克/升，仍可安然无恙。

4. 善逃性

泥鳅的逃逸能力非常强，春夏季节雨水较多，当池水涨满或池壁被水冲出缝隙或出现漏洞时，泥鳅会在一夜之间全部逃光，尤其是在水位上涨时会从鳅池的进、出水口逃走。因此，养殖泥鳅时一定要提高警惕，务必加强防逃管理，特别是下雨时，要加强巡池，检查进出水口防逃设施是否有堵塞现象，是否完好，进、出水口一定要有防逃设备。平时当水位达到一定高度时，要及时排水，防止池水溢出，造成泥鳅逃逸。另外在换水时也要做好进出水口的防逃措施。

5. 夜食性

泥鳅习惯在夜间吃食，因此在自然环境下，一般会在夜晚出来觅食，但在产卵期和生产旺盛期间白天也摄食。产卵期的亲鳅比平时摄食量大，雌鳅比雄鳅摄饵多。在人工养殖时，经过驯养后也可改为白天摄食。水温低于 10℃或高于 30℃时停止摄食。无论是幼鳅还是成鳅，对于光的照射都没有明显的趋光或避光反应。

四、泥鳅的食性

泥鳅是以动物性食物为主的杂食性鱼类，食性很广，一般摄食水蚤、水蚯蚓、昆虫、扁螺、水草、腐殖质以及水中泥中的微小生物。

在天然水域中，不同规格的泥鳅，它的摄食对象有所不同。幼鱼期间喜吃动物性饵料，主要摄食小型甲壳动物、水蚯蚓、水生昆虫等；成鱼期间则转以植物性饵料为主，如高等植物的种子、碎屑和藻类植物等，有时亦摄食水底泥渣中的腐殖质。从体长和摄饵的关系来看，在幼苗阶段，体长 5 厘米以下，主要摄食小型甲壳类，如轮虫、枝角类、桡足类和原生动物等动物性饲料；泥鳅的体长达 5～8 厘米时，除摄食小型甲壳类外，还摄食水蚯蚓、摇蚊幼虫、丝蚯蚓、水生和陆生昆虫及其幼体、河蚬、幼螺、蚯蚓等底栖无脊椎动物；泥鳅的体长达 8～9 厘米时，摄食硅藻、绿藻类、蓝藻类和植物茎、根、叶、植物碎片、种子等；泥鳅的体长达 10 厘米以上时，以摄食植物性饲料为主，兼食其他饲料。

人工饲养条件下，鱼苗阶段可投喂蛋黄和其他粉状饲料，也可投喂昆虫、水蚤、丝蚯蚓等。鱼种阶段可投喂米糠、麸饼类、蚕蛹粉等，也可以用堆放厩肥、鸡粪和牛粪、猪粪等方法培育浮游生物作鱼苗、鱼种饲料。成鱼阶段用米糠、马铃薯渣、蔬菜渣、蚕蛹粉、麸饼粉等与猪粪或腐殖质土混合制成颗粒饲料或团状饲料投喂。人工养殖泥鳅投喂时一定要做到定时、定点、定质和定量的喂食方法，由于泥鳅特别贪食，因此，饲料投喂不宜过多，日投饲量，鱼种阶段为鱼体重的 5%～8%，成鱼阶段为 5%左右。开始时每天傍晚喂 1 次，以后驯化改为白天投饲，上、下午各投饲 1 次。如果投喂过多，易导致消化不良而胀死。

泥鳅的摄食量一般都比较大，随着个体的增大，1 次饱食量占体重的百分比逐渐降低，1 次饱食时间逐渐延长。泥鳅对动物性饵料的消化速度较植物性饵料快，其中对浮萍的消化速度最慢，消化蚯蚓速度较快。泥鳅与其他鱼类混养时，常以其他鱼类吃剩的残饵为食，所以泥鳅常被称为鱼池中的“清洁工”。

五、泥鳅的生长

泥鳅的生长速度和饵料、养殖密度、水温、性别、规格大小和发育时期等密切相关，尤其是饲料的质量和数量决定了泥鳅的生长速度，在人工养殖中个体会出现较大的差异，这是正常的表现。

自然环境中，泥鳅生长较慢，刚孵出的泥鳅苗，一般体长3～4毫米，经过1个月的饲养能长到2～3厘米，经6个月的饲养达7厘米左右，体重在3克/尾左右。在生长10个月后，体长可达12厘米，体重10克左右。此后，雌雄泥鳅生长便产生明显差异，雌鳅生长比雄鳅快。据报道，雌鳅最大个体可达20厘米，重100克左右；雄鳅最大17厘米，重50克。

人工养殖条件下，刚孵出的泥鳅苗经20天左右即可长至3厘米以上，当年可长至10～12厘米，即每千克60～80尾的商品鳅。泥鳅的人工养殖周期一般为1年，经4～6个月的饲养，泥鳅体重可增加4～6倍，第二年生长速度较第一年的生长要慢，但肥满度增加。

六、生殖习性

泥鳅一般1冬龄性成熟，属于多次性产卵鱼类，成熟个体中往往雌泥鳅比例大，雄泥鳅体长约达6厘米时便已性成熟。在自然条件下，4月上旬、水温达18℃以上时开始繁殖，5～6月当水温达到25～26℃时是产卵盛期，一直延续到9月份还可产卵，每次产卵需时4～7天。繁殖的水温为18～30℃，最适水温为22～28℃。

泥鳅怀卵量多少和泥鳅的体长有关，不同个体的怀卵量相差也是非常大的，少的仅几百粒，多的达几万粒。例如体长8厘米的雌鳅，怀卵量大约是2000粒；泥鳅体长12～15厘米，怀卵约1万～1.5万粒；泥鳅体长20厘米，怀卵达2.4万粒以上。

七、泥鳅的品种

人工养殖泥鳅是很好的致富门路，但是不同的泥鳅，它们生长速度不同，养殖收益也是不同的，我们通常所见到的泥鳅有如下几种。

1. 真泥鳅

也就是我们通常所说的泥鳅，经济价值较高，最适于养殖，具体特征在前面已经讲述，不再赘述。

2. 沙鳅

小型鱼类，栖居于沙石底河段的缓水区，常在底层活动。吻长而尖。口须3对，体背有方形褐色斑点。体侧有两列纵连的褐色斑点，其中下列较大而明显。眼下刺分叉，末端超过眼后缘。各鳍均有黄白相间条纹。尾柄较低。体长12厘米以下。

3. 花鳅

又名大斑花鳅，这是一种淡水中常见的小杂鱼，广泛分布于我国东部地区各水系的浅水区。体长形，4～8厘米，侧扁。唇厚。有口须4对，有眼下刺，其基部为双叉形。侧线侧中位，腹侧白色，鳍淡黄色。体侧沿纵轴有6～9个较大的略呈方形的斑块，背鳍、尾鳍有小黑点，尾鳍基上侧有一亮黑斑。

4. 长薄鳅

为底层肉食性鱼类，以底层小鱼为主食，生活于江河中上游、水流较急的河滩、溪涧，常集群在水底沙砾间或岩石缝隙中活动。一般个体重1.0～1.5千克，最大个体重可达3千克左右。生殖期在3～5月份，卵黏附在沙石上孵化。

5. 带纹沙鳅

体长7～9厘米，最大可达20厘米，体长形，侧扁。头尖锥状，略侧扁。口下位，吻须2对，上颌须1对。背鳍始于体中央稍后，外缘斜直或略凹。体背侧暗绿灰或黄灰色，在体侧上方有12条黑褐色宽横纹;腹侧白色。头背侧有2条暗色纵纹。分布于黑龙江到长江等多沙的江河底层。

6. 大鳞副泥鳅

身体较长而侧扁,腹部较浑圆,但是比普通泥鳅的身体为短,有须5对,口角一对最长,末端远超过前鳃盖骨后缘。胸鳍、腹鳍、臀鳍灰白色,背鳍及尾鳍具黑色小点。分布比较广泛。

以上几种有养殖价值的泥鳅,养殖者可以根据自己所在当地的资源条件选择养殖。

八、泥鳅养殖前景

"天上斑鸠,地下泥鳅",泥鳅的营养价值相当高,除此之外,泥鳅还具有较高的药用价值。总的来说,泥鳅市场需求量大,泥鳅养殖国内、国外市场的前景广阔,主要表现在以下几个方面:

首先是泥鳅的自然资源在不断减少,需要人工养殖来补充,泥鳅在各类水域中都有分布,在20世纪尤其是90年代以前,只要在有水的地方,几乎都能看到泥鳅,因此它们的资源还是相当丰富的,一般在自然条件下每亩池塘可产泥鳅2千克。但近年来,由于过度捕捞,特别是电捕泥鳅的泛滥,加上大量施用对泥鳅有害的农药和耕作制度的改变,随着越来越多的淡水资源遭到污染,天然水域里泥鳅资源逐年减少,有的区域已经几乎绝迹。与此同时,由于天然捕捞量逐年下降,而市场对泥鳅的需求量却逐渐上升,又加剧了对天然泥鳅资源的掠夺,由此形成恶性循环,对生态造成了极大的破坏,导致泥鳅的缺口非常大,这就给人工养殖泥鳅提供了机会。

其次是泥鳅国内外市场供不应求,随着人们生活水平的提高和膳食结构的变化,生活上也从量过渡到质的变化。泥鳅的营养价值高,具有肉质细嫩、营养丰富等特点,是一种高蛋白、低脂肪的高档水产品,逐渐受到广大人民的青睐。近年来国际市场对我国泥鳅的订单连年增加，尤其是日本、韩国、马来西亚的需求量较大，年需几十万吨，港澳台市场也需求强劲，导致泥鳅市场供求矛盾十分突出，呈现供不应求的状况。就目前我国的泥鳅产量来说，光依靠野生资源就连中国的需求量都不够，更不用说出口了，因此现在泥鳅养殖的商机是比较大的。预计在未来数年内，泥鳅市场仍将保持供不应求的状态，市场空间巨大。

再次是养殖泥鳅的技术并不难。泥鳅适应能力很强，在池塘、湖泊、河流、水库、稻田等各种淡水水域中都能生存、繁衍，养殖技术也不难学，而且养殖泥鳅的投资可以从几百到上千甚至上万，它们的生长期短，资金周转快，方法简便、节省劳力、适应性广、饲料回报率高。养殖户可以根据自身条件，因地制宜，只要做到科学管理，量力而行选择适合自己的养殖方式进行养殖都能获得较高的回报。

最后一点就是泥鳅养殖的经济效益很高，泥鳅一年四季都能养殖、捕捞或囤养，所以经济效益不错。

九、泥鳅养殖的风险与控制

任何一种养殖都可能存在风险，泥鳅作为一种新兴的水产养殖品种，它也有一定的风险，我们在基层进行科技培训时，经常会听到一些泥鳅养殖户抱怨："现在养泥鳅，市价低、饲料贵、鱼病多，本大利小，弄不好就要赔钱。"这些养殖者的切身体会，说明养殖泥鳅并不是一帆风顺的，它也有一定的风险的，尤其是池塘高密度养殖时更有风险。

根据我们的了解，目前泥鳅养殖的风险包括市场风险、技术风险和苗种来源上的风险等多种。

首先是市场风险不可忽视，虽然目前泥鳅市场需求量很大，价格一直飙升，但对于农民个人来讲，同样存在市场风险，这是因为我国目前生产出的泥鳅主要是出口到韩国和日本，一旦这两个国家的市场需求发生意外，就有可能造成极大的损失。特别是初次养殖泥鳅的养殖户，由于他们的养殖规模又小，抵御市场风险相对要大一些。因此我们建议初次养殖泥鳅的养殖户和那些养殖面积较小的养殖户，应积极主动地向大户和养殖基地靠拢，及时了解市场信息，掌握合适的时机，方便时"搭车"销售。

其次是技术风险也不能小视，池塘养殖泥鳅的方法很多，但由于它们的放养密度大，对饵料和空间的要求也大，因此，泥鳅养殖的主要风险还是在于技术层面上，如果喂养、防病治病等技术不过关，会导致养殖失败。因此，在实施养殖之前，最好能学习相关技术，然后少量试养，待充分掌握技术之后，再大规模工厂化养殖。

再次就是苗种来源上的风险，由于泥鳅养殖的利润丰厚，一些所谓的技术公司和专家就忽悠养殖户，用一些养殖效益不好的或者是野生的苗种来冒充是优质的或是提纯的良种，结果导致养殖户损失惨重。因此我们建议初养的养殖户可以采取步步为营的方式，用自培自育的苗种来养殖，慢慢扩大养殖面积，这样效果最好，可以有效地减少损失。

"有同行无同利"这句话用在当前的泥鳅养殖业中再恰当不过。同样是从事泥鳅养殖，为什么有人赚钱，有人保本，而有的人却赔钱呢？原因在于前者能将自己的生产经营活动同市场需求结合起来，密切关注市场行情，巧妙地利用各种"市场真空地带"，将风险化解于萌芽之中；而后者只会按部就班地按照传统的养殖模式辛苦劳作，很少抬头关注市场，一旦供求关系有了变化，就束手无策了。

十、降低泥鳅养殖成本的措施

养殖泥鳅要赚钱，这是所有养殖户的共同心声，除了养出个体大、颜色艳丽、产量高的泥鳅外，科学管理、适当降低泥鳅的饲养成本也是重要的措施之一。如何做到有效地降低泥鳅养殖成本呢？

可以使用的措施包括以下几点：

一是因地制宜，根据各地的具体气候和水域条件，充分利用现有的适合养殖泥鳅的池塘，节省建设投入。

二是充分发挥肥料的作用，积极培肥水质，为泥鳅提供天然饵料。但是要控制肥料施用的质量和次数，确保水质适度，饵料丰富，但是也不宜过肥，否则容易造成泥鳅缺氧，从而影响它的生长发育。

三是合理饲喂，提高饲料利用率，积极发挥地方的天然饵料资源。刚下池时应及时给泥鳅幼苗投喂适合的饲料，如轮虫、小型浮游植物、熟蛋黄等。泥鳅能自己摄食水中微生物和动植物碎屑时，可将米糠、麸皮等植物粗粮与螺蚌、蚯蚓、黄粉虫等动物性饲料拌和投喂。可利用房前屋后大力培育蚯蚓、水蚤等活饵料。

四是做好泥鳅病害的防治工作，尤其要注意预防鳅病，一方面可以促使泥鳅健康成长，另一方面做好疾病的预防工作，可以有效地减少疾病所带来的损失，养殖户要牢记一个观念，“没有伤亡就是最高的产量”，只有成活率提高了，产量才能得到保证。

十一、泥鳅养殖失败原因的分析

任何一种养殖都不可能是一帆风顺的，泥鳅的养殖也是一样的，根据我们的分析，造成泥鳅养殖失败的原因主要有以下几个方面。

一是没有泥鳅养殖的经验，看到别人养殖泥鳅赚钱了，自己一时心血来潮、头脑发热，也跟风养殖，可能导致失败。

二是没有科学地建造养鳅池，不遵循泥鳅的生活规律，随便找个池塘放了泥鳅就完事，结果导致泥鳅会在阴雨天或者在进水时逃跑。

三是没有合适的苗种来源，通常在市场上随意乱购泥鳅苗，这些苗种的质量得不到保证，导致放养后泥鳅大面积死亡而造成巨大损失。

四是不遵循泥鳅的生态习性或泥鳅的生病规律，在泥鳅生病后，盲目用药或乱用药，导致泥鳅大量死亡。

五是不知道如何科学管理泥鳅的养殖，包括不知道如何管理水质，或水质管理不科学，不知道何时投喂，也不知道投喂的量和饲料的营养要求，有的养殖户根本就不知道鳅池水位应保持多少，鳅池水体该如何才达标，这种盲目的管理是不可能获益的。

第二章　泥鳅的繁殖

随着人们对泥鳅的日益重视，自然界中的泥鳅已经被过量捕捞，加上它们原有自然栖息场所的日益恶化，导致泥鳅的天然资源遭到了破坏，自然产量大为减少，为了保证泥鳅的规模化养殖，泥鳅的繁殖就显得尤为重要。

第一节　泥鳅亲鱼的培育

一、泥鳅繁殖的特性

泥鳅属底栖小型经济鱼类，在自然条件下，在二龄时性成熟，开始产卵。泥鳅为多次性产卵鱼类，4 月上旬开始繁殖，5～6 月是产卵盛期，繁殖的水温为 18～30℃，最适水温为 22～28℃，尤其是水温 25℃左右时是产卵盛期，一直延续到 9 月还可产卵。

二、亲鳅的来源

亲鳅是泥鳅进行繁殖的基础，如何保证亲鳅的供应呢？根据众多养殖户的生产经验，我们认为亲鳅的来源通常可以从 3 个途径来解决。

第一个途径就是筛选自己培育的已达性成熟的成鳅，这种泥鳅在数量上和质量上能够得到保障，无传染病危险，怀卵量大，孵化率高，繁殖效果好；

第二个途径就是从集贸市场上购买的性成熟的泥鳅，在选购这种泥鳅时，一定要注意了解它的捕捉途径，用网捕或冲水刺激上来的泥鳅才能用于繁殖，而用药捕、电捕等方法捕捞的就不能用于泥鳅的繁殖；

第三个途径就是从自然界的沟塘中捕捉的野生鳅，这类泥鳅没有经过驯化，野性比较强，有传染病危险，因此在繁殖前最好经过2个月左右的培育后再用来繁殖，它的优势是可以避免泥鳅的近亲繁殖。

三、亲鳅雌雄的鉴别

在泥鳅的生殖季节，雌雄之间是有许多不同的特征的，这就是通常所说的第二性征，可以通过以下几个方面来体现出来，当然在进行雌雄鉴别时也是用肉眼来鉴别这几个方面的：

一是从体形上看，同等年龄的泥鳅，雄鳅头尖，较小，身长与尾端一样粗细，尾尖上翘，背鳍末端两侧有肉质突起；雌鳅头椭圆，较大，前身粗而尾端细，尾端圆平，背鳍末端正常，无肉质突起，产过卵的雌鳅腹鳍上方体身还有白色斑点的产卵记号，未产卵的则没有。

二是从胸鳍上来看，雄鳅胸鳍较大，第二鳍条最长，前端尖形，尖部向上翘起，呈镰刀状，最外侧2～3根鳍条末端略向上翻，胸鳍上有追星；雌鳅胸鳍较小，前端圆钝呈扇形展开，末端圆滑，呈舌状。

三是从泥鳅的腹部来看，产卵前雄鳅腹部不肥大且较扁平；雌鳅产卵前，腹部圆而肥大，且色泽变动略带透明黄的粉红色，这就是成熟的卵子在体腔里。

四是可以通过手来摸成熟的泥鳅的胸鳍，一般来说手摸上去有刺手的粗糙感，就是雄鳅；手摸上去光滑滑的就是雌鳅。

四、亲鳅的选择

无论是哪种来源的亲鳅，必须进行严格排选。亲鳅的选择很有讲究，必须达到一定的性成熟度才是最好的，它的主要选择的标准是：

一是年龄的要求，年龄在2～4龄。

二是身体的要求，要求亲鳅体形端正、色泽正常、体质健壮、各鳍完整、无伤无病，动作敏捷。

三是个体大小的要求，雌鳅选择体长10～15厘米，体重20～30克以上，雄鳅略小于雌鳅就可以了，一般选择体长8～12厘米以上，体重10～15克。个体大的雌鳅怀卵量大，雄鳅精液多，繁育的鱼苗质量好，生长快。

四是形态上的要求，成熟雌鳅的腹部肿胀膨大、柔软，富有弹性，腹部有明显向外突出，将雌鳅腹部朝上，可看到明显的卵巢轮廓，隐约可见腹中卵粒，生殖孔圆形外翻，呈粉红色，如果用手轻压时腹部就会有卵粒流出，未成熟的雌鳅腹部不肿胀，有比较明显的腹中线，有一凹槽；而成熟雄鳅的腹部则没有明显膨大的感觉，生殖孔狭长凹陷，呈暗红色，轻压腹部有乳白色精液流出。

五是亲鳅的性比搭配，要求选择的亲鳅能满足正常的繁殖需要，在雌雄配比上达到1∶3的最佳配比。

五、亲鳅培育池的准备

每年4月底水温达到18℃时，可以开始泥鳅的繁育准备工作了。首先要准备的就是培育池的准备。

亲鳅培育用水泥池或土池均可，要求水源充沛，水质清新无污染，进排水方便，一般要求面积在30～50平方米，长方形水泥池，底铺20厘米厚粘土层，水深1米左右。进排水口分设池两端并安装防逃网或用拦鱼网罩拦好，以防泥鳅逃逸。放养前15天要进行清塘消毒，每平方米施生石灰100～200克，全池泼洒。

六、亲鳅放养

亲鳅放养密度不宜过大，以每平方米放 10～20 尾较好，雌雄比例 1∶2～1∶3。放养前用 5%左右的盐水进行消毒处理，然后放入池塘中培育。

七、亲鳅的培育

1. 水草投放

首先是池中可投入一些较高大的水草或旱草，以利遮阳、避光、肥水，增加水中的腐殖质。其次是在培育池中还需要提前人工栽培一些柔韧性较好的水草，这些水草对亲鳅的培育是非常有好处的，可以为亲鳅诱来活饵料、为亲鳅提供卵子的附着场所、水草的光合作用可以为亲鳅的生长发育提供充足的溶解氧，还可以为亲鳅的嬉戏及调情提供场所。

2. 加强投喂

泥鳅是杂食性鱼类，植物性饲料和动物性饲料均要投喂，培育亲鳅时，一定要加强投喂人工饲料，尤其是要多投动物性饲料。常用的动物性饲料有水蚤、蚯蚓、蚕蛹、鱼粉等；常用的植物性饲料有米糠、麦麸、豆饼、花生饼、玉米粉、豆渣、酒糟等。每天的投饵量依天气、水温和水质的变化而不同，为了使泥鳅摄食均匀，最好每天上午 9 时和下午 3 时投饵 2～3 次，每次投置以 1 小时吃完为度，池中设饲料盘，饵料放置盘上，沉入水底，任泥鳅自由采食。投饵量一般为泥鳅总体重的 5%左右。投饵要注意营养全面、平衡，动植物饲料搭配投喂，要及时将饲料盘中的残饵清除，换入新饲料。春季 3 月下旬以后，要进行亲鱼的强化培育。在上述植物性饲料中要多加入些含蛋白质较多的物质，如鱼粉、碎鱼虾、动物内脏及下脚料等，以促使亲鱼的性腺发育。

3. 水质管理

在强化培育时期，更要注意水质的优良，培育池中要常冲换新水，保持水质良好，同时有利于性腺发育成熟。

第二节 泥鳅的繁殖

一、繁殖前的准备工作

泥鳅繁殖前的准备是很重要的，繁殖泥鳅必须提供适宜的环境条件，为产卵孵化做好各项准备工作，以保证亲鳅顺利产卵和孵化，提高鱼苗的成活率。

1. 产卵池的准备

可采用家鱼人工繁殖用的产卵池，也可以选择一些较小的池塘、沟渠，水深保持在 15～20 厘米。也可用网片或竹篱笆围成3～10 平方米的水面作为产卵场所。若能保持微流水则更佳。另外，水泥池、大塑料盒、桶、水缸或其他容器均能作为产卵用设施。产卵池选择圆形环道结构形式，直径在 3～4 米不等，底部有多个与环道平行的纵向出水孔，中心上半部设置 60 目筛绢的出水过滤网，池深 1 米左右。所有的产卵场所使用前都要消毒，将水位控制在水深 15 厘米左右，用生石灰带水消毒，每立方米水体施 15～20 克。也可以用漂白粉消毒，每立方米水体施 4 克药。

2. 做好其他繁殖设备的检查工作

人工繁殖前还应检查孵化槽、水泵、管道等，发现问题及时修理。

3. 繁殖用药的准备

对人工繁殖时需用的如脑垂体、绒毛膜促性腺激素、促黄体素释放激素类似物等，应备足，并留有余地。对防止鱼病，消毒净化水质的硫酸铜、硫酸亚铁、溴氰菊酯、青霉素等等，要注意这些药物的有效期。

4. 鱼巢的准备

鱼巢的要求一是不易腐败、不能有有毒和有害成分，以免影响胚胎的正常发育；二是要柔软、能漂浮在水中，以方便鱼卵的附着；三是选用的材料要分枝多、纤维细密、质地柔软蓬松。目前用于泥鳅鱼巢的材料也比较多，常用的有冬青树嫩根、棕榈树皮、杨柳树须根、金鱼藻等水草及一些陆生草类如稻草等，近年来也有用柔软的绿色尼龙编织带，织成宽 5 厘米、长 80 厘米的人工鱼巢。

用不同的材料制成的鱼巢，在制备方法上是有一定区别的。

一是用棕榈树皮制备鱼巢的方法，先将棕榈树皮用清水洗净，主要是清除它表面上的污泥杂物，然后放在大锅中或蒸或煮，约 1 小时，目的是除掉棕榈皮内部含对鱼卵有害的单宁等物质，晒干后备用。在制作时，先轻轻地用小锤锤打片刻，然后将棕榈皮多扯动几次，让它充分松软，目的是增加卵的附着面积。最后把这些棕榈皮用细绳穿起成串，一般按照 4～5 张棕榈皮为一束的大小捆扎成伞状，要注意的是不能将几张棕榈皮皱缩在一起，这样会减小附着的有效面积。为预防孵化时发生水霉病，可将棕榈皮扎成的鱼巢放在 0.3%福尔马林溶液中浸泡 20 分钟，或用 2%浓度的食盐水浸泡 20～40 分钟，也可用高锰酸钾每立方米水体 20 克药化水浸泡 20 分钟左右，取出后，晒干待用。

二是用杨柳树须根制备鱼巢的方法，基本上是与棕榈皮制备鱼巢是一样的。只是要将杨柳树须根的前端硬质部分敲烂，拉出纤维使用，树根的大小要搭配得当，为了方便取卵，可用细绳将树根捆扎成束，最后把它们固定在一根竹竿上，插入池中即可。冬青树嫩根的制备方法与之极为相似，可用漂白粉消毒，每立方米水体 4 克药化水浸泡 20～30 分钟。

三是用稻草制备鱼巢的方法，先将稻草晒干，然后用干净的清水浸泡 8 小时左右，稍晾干至不滴水为宜，然后用小木锤轻轻锤打松软，经过整理再扎成小束，每束以手抓一把为宜，最后固定在竹竿上，插入水中即可。

四是用水草制备鱼巢的方法，首先是要选好水草，水草的茎叶要发达，放在水中能够快速散开，形成一大片伞状的鱼巢，其次是水草要无毒，再次是水草要适应泥鳅的生长需要，最后是水草的茎要有一定的长度和韧性。根据生产实践，目前常用的水草有菹草、马来眼子菜、鱼腥草等。将水草采集后，用20毫克/升的高锰酸钾浸洗消毒5分钟，以杀死水草中可能附着的其他敌害生物的卵或其他病原体，然后捆扎成束或铺撒于水面即可。水草作为材料的鱼巢，一般每束鱼巢使用一次，如果在鱼苗孵出后，水草尚未腐烂，可用来投喂草鱼、鲂鱼等食用鱼。

值得注意的是，用棕榈皮和须根所制成的鱼巢，只要妥善保管，可使用多年。第二年再用时，仅洗净、晒干即可，在当年使用结束后要及时用清水洗净，不要留下鱼腥味，以防止蚂蚁和老鼠的破坏。

另外用于泥鳅繁殖的鱼巢设置也是有讲究的，根据生产实践，人工制作的鱼巢以布置在产卵池的背风处为好，为了方便观察和粘卵，还是以集中连片为好。目前常用的设置方法主要有两种，一种是悬吊式，另一种是平铺式。如果发现泥鳅大批产卵，鱼巢上已经布满了卵粒，就要根据情况立即取出，同时再另挂新鱼巢。

二、泥鳅的自然繁殖

这种繁殖方法是比较简便的，目前在部分地区也常常被使用。在每年开春后的3月份，先按要求修整好亲鳅繁殖池，再按消毒要求用生石灰或漂白粉或茶枯进行消毒，在消毒3天后注入新水。一般在7天左右，池水的药性基本消失后，这时将雌雄亲鳅按雌雄比1∶2的比例放入池中，放养量要控制好，一般每平方米面积放200克左右就可以了，这时要加强投喂，并不时地冲换水进行性腺的刺激。当池水温度上升到20℃左右时，培育好的亲鳅可能就会排卵了，这时就要在池中放置已经处理好的鱼巢，放置鱼巢后要经常检查并清洗上面的污泥沉积物，以免泥鳅产卵时影响卵粒的黏附效果。

根据泥鳅的产卵习性表明，泥鳅喜欢在雷雨天或水温突然上升的天气产卵。产卵前亲鱼会有明显的调情行为，就是雄鳅在雌鳅的后面紧紧追逐，而且追逐是越来越激烈，可见产卵池里的泥鳅上下翻滚，然后当雌雄亲鳅两情相悦时，雄鳅就会用身体缠绕雌鳅的前腹部位，完成产卵及受精过程。大多数泥鳅的自然产卵都是在清晨5时左右开始，群体交配行为会一直持续到上午10时左右结束，每个个体的产卵过程需20～30分钟。产卵后，要及时取出粘有卵粒的鱼巢另池孵化，以防亲鱼吞吃卵粒。同时补放新鱼巢，让未产卵的亲鱼继续产卵。产卵池要防止蛇、蛙、鼠等危害。

三、泥鳅人工催产

1. 催产地点

选择成熟度较好的雌雄泥鳅后，就可进行人工催产。催产在水泥池中进行，面积5平方米，池深0.8米，注入水深0.3米，水为经暴晒的机井水，水温控制在23～25℃。产卵池中设置卵巢，用沸水煮过的棕皮或水草做成，将产卵巢用竹竿固定在产卵池的中央。

2. 催情剂种类

泥鳅的人工繁殖方法与家鱼相同，也需要催情剂，泥鳅催情剂种类主要有鲤、鲫脑垂体（PG），绒毛膜促性腺激素（HCG），地欧酮（DOM），促黄体素释放激素类似物（LRH-A）等几种。

3. 注射方法和剂量

催产剂的注射方法可分为胸鳍基部体腔注射和背部肌肉注射两种，一般采用体腔注射，在胸鳍基部的凹入部，将针头朝泥鳅的头部方向与体轴成45°角，刺入体腔深度0.2～0.3厘米，溶剂注射量为0.1～0.2毫升，采用1毫升的注射器和4号针头注射，缓缓注入液体。因泥鳅喜钻动，注射时可用湿纱布包着，但是要露出注射部位，以方便注射。注射时间一般选择在晚上7～8时。

若单用脑垂体，则雌鱼注射量为14～16毫克/千克，如果用促黄体素释放激素类似物，每尾雌鳅每克体重用20～40国际单位，如果用的是类似物(LRH-A)，则要求5～10微克/千克。雄鱼注射剂量为上述雌鱼剂量的一半。

四、泥鳅的人工授精

人工授精的受精率较高，在缺少雄鱼时，使用此法较好，但须把握适宜的授精时间，否则会降低受精率。人工授精一般采用干法授精，干法授精时要保持“三干”，即容器干、鱼体干、手干。若采取人工授精，可将已注射催产剂的雌雄泥鳅分别暂养于挂有鱼巢的孵化池或网箱中，在水温为20～25℃时，注射后药物12小时可发情，这时可进行人工采卵受精。轻压雌鳅腹部有卵粒流出，将卵子挤入器皿中，再将雄鱼的精液挤出，并用羽毛轻轻搅拌，使精卵充分混合，然后加入少量清水，同时加入0.6%～0.7%的生理盐水，再将受精卵轻洒在鱼巢上，上巢后再转入到孵化池中孵化。

能挤出精液的雄泥鳅的鉴别比较容易，成熟度好的雄泥鳅腹部扁平、不膨大，轻轻挤压会有乳白色精液从生殖孔流出，精液入水后能散开，用显微镜观察发现精子十分活跃。

成熟度好、怀卵量大的雌泥鳅表现为：腹部略带透亮的粉红色或黄色，膨大、柔软而饱满，生殖孔微红且开放。雌泥鳅卵的成熟度的检查：①成熟卵。轻轻挤压雌泥鳅的腹部，卵马上排出，呈米黄色、半透明、有黏着力；②不成熟卵。需要强压雌鳅的腹部才能排出卵，呈白色、不透明、无黏着力。③初期过熟卵。米黄色、半透明、有黏着力，但受精约1小时内慢慢变成白色。④中期过熟卵。

米黄色、半透明，但动物极、植物极颜色白浊。⑤后期过熟卵。极部物质变为黄色液体，原生质变白。雌泥鳅卵巢发育不成熟或过度成熟都会使人工繁殖失败，要求最好达到正好成熟阶段。接近成熟阶段可用人工催熟。

五、受精卵的孵化

泥鳅在繁殖过程中，受精卵的孵化是很重要的，在室内或室外都可进行，有静水孵化和流水孵化。设备有孵化池、孵化网箱（可用集卵网箱）、孵化缸、孵化桶、孵化环道等，或就在产卵池内孵化。

1. 静水池塘孵化

将附有卵粒的鱼巢放在池中，密度要适宜。如果是静水池塘，需要充气，要勤换水，每天换水 2 次，温差不超过 1～2℃，以保证孵化时所需的充足的溶氧。充气量大小与卵质密度有关，如鱼巢放置密度较稀，卵质好，则充气量小；反之，充气量要大。孵化放卵密度为每平方米 400 粒左右。孵化时孵化池上方要遮蔽阳光，以防鱼苗发生畸形。在水温 25℃左右时，约 30 小时可以孵化出膜。由于孵化时间较长，巢及卵上经常会沉附污泥，应经常轻晃清洗，孵化期间要保持水质清洁，透明度较大，含氧量高，肥水和混浊的水对孵化不利。要注意防止受精卵挤压在一块，若发现受精卵相互挤压，要用搅水的方法或用吸管使之分离开来，以避免因缺氧而影响孵化率。孵化期间每天早晨要巡塘，发现池中有蛙卵时，应随时捞出。在精心管理下，孵化率一般可达 80%左右。仔鱼出膜后 3 天，需立即清洗鱼巢，将仔鱼移入水质良好的池中暂养。仔鱼暂养时要投喂熟蛋黄，每 10 万尾鱼苗投喂 1 个蛋黄，上下午各投 1 次，蛋黄要用手捏碎经 120 目筛绢过滤后再投喂，第二天投喂前要清除残渣，并加入新水再投喂。仔鱼高密度暂养的时间一般为 5 天，以后可转入池塘中饲养。

2. 孵化缸孵化

孵化缸因具有结构简单、造价低、管理方便、孵化率较稳定等优点，选用较普遍。

孵化缸由进出水管、缸体、滤水网罩等组成。缸体，可用普通盛水容量为250～500千克的水缸改制，或用白铁皮、钢筋水泥、塑料等材料制成。水缸改造较经济，采用广泛。按缸内水流的状态，分抛缸（喷水式）和转缸（环流式）两种。抛缸，只要把原水缸的底部，用混凝土浇制成漏斗形，并在缸底中心接上短的进水管，紧贴缸口边缘，上装每厘米16～20目的尼龙筛绢制成的滤水网罩即成。用时水从进水管入缸，缸中水即呈喷泉状上翻，水经滤水网罩流出。鱼卵能在水流中充分翻滚，均匀分布。如能在网罩外围，做一个溢水槽，槽的一端连接出水管，就能集中排走缸口溢水。放卵密度，抛缸一般比转缸高20%，每立方水体可放卵200万～250万粒。日常管理和出苗操作皆方便。转缸，在缸底装4～6根与缸壁成一定角度，各管成同一方向的进水管，管口装有用白铁皮制成的、形似鸭嘴的喷嘴，使水在缸内环流回转。由于水是旋转的，排水管安装在缸底中心，并伸入水层中，顶部同样装有滤水网罩，滤出的水随管排出，放卵密度为每立方150万～200万粒。

3. 孵化桶孵化

孵化桶一般是用铁皮制造的，它的大小应根据需要而定，一般以容水量200千克为宜，可放卵粒150万粒，上部用20目的筛绢制成，它的主要操作是调节水流速度和经常洗刷附着在筛绢上的污物和卵膜。

4. 孵化环道孵化

这是供生产规模较大单位选用的孵化设备，由进排水系统、环道、集苗池、滤水网闸等组成。环道有1～3道，以单道、双道常见。形状有椭圆形和圆形，以圆形为好。孵化环道的容水量，视生产规模而定，可根据每立方水体放卵100万～120万粒的密度，以及预计每批孵化的卵数，计算出所需要的水容量，再以环道的高和宽各为 1 米，反算出环道的直径。单环环道，内圈是排水道，外圈是放卵的环道；双环环道，有两圈可放鱼卵的环道，外环道比内环道高 30～35 厘米，以便外环道向内环道供水，但内环道仍装有进水管道与闸阀，又可直接进水，在内环道的内圈是排水道。三环环道，是再增加一道环道，其他与双环类同。由于向内侧排水，故各环环道的内墙都装有可留卵排水的木框纱窗，数量随直径变化（通常按周长的 1/8 或 1/16，装窗一扇）。也有的环道，采取向外溢水的，则纱窗安装在外墙，所溢出的水从外墙的排水道流走。总的进出水管，都在池底，以闸阀控制。每一环道的底部，有 4～6 个进水管的出口，出水口都装有形似鸭脚的喷嘴，各喷嘴需安装在同一水平、同一方向，保证水流正常地不断地流动。鱼卵在环道中，顺流不停地翻滚浮动。

第三章　泥鳅苗种的培育

第一节　鳅苗的培育

泥鳅苗种是两个概念，鳅苗培育是指将泥鳅5～6毫米的水花经过20天左右的饲养，将它们培育到体长2～3厘米左右，供培育鱼种用，而鳅种培育是指将经过培育的体长达3厘米左右的泥鳅培养成5～6厘米左右，供成鳅放养用。

一、泥鳅苗种培育的意义

利用专门的培育池对泥鳅进行苗种培育，主要是为了提高苗种的成活率，为成鳅的养殖提供更多更好的符合要求的苗种。

有好多泥鳅养殖者都有这样的经验：无论是购买的野生鳅苗种还是人工繁殖的鳅苗种，有时在放养的1周内会发生大批死亡的现象，导致养殖户的重大损失。根据养殖户反馈的信息，这些苗种的死亡很有规律，就是较小和较大的苗种特别容易死亡，而处于中间的那些苗种则活的好好的，具体规格是体长1.5～2.5厘米的小鳅苗死亡较少；体长3～5厘米的中等鳅种，放养后几乎没有死亡，显示出强大的生命力；而体长8厘米的大鳅种，放养后也会有部分死亡，尤其是放养操作不当时，死亡会更多。

经过多位专家的分析认为，这种死亡是与泥鳅苗种特有的习性相关的，这也就是为什么要进行苗种培育的重要原因。对于那些体长1.5～2.5厘米的小鳅苗，由于它们刚完成体形结构的变态发育，卵黄囊消失后，它们的营养也由外来的食物进行补充，也就是说小泥鳅进入了食性的转变阶段，这时它们对外界的环境适应能力还比较差，摄食能力也比较差，如果这时候出塘放养，一方面是不能充分捕食水体中的营养，同时也不能有效地抵御敌害生物的侵袭，容易引起大量死亡；体长3～5厘米的中等规格鳅种，对外界环境的适应能力已明显加强，已能适应人工饲料，这种规格的鳅种已具钻泥习性，但钻泥不深，容易起捕，这时出塘放养比较理想。体长8厘米的大鳅种，对外界的适应能力很强，但是活动能力也很强，受惊吓后会钻入较深的泥土层，给起捕出塘造成困难，且捕捞过程中极易受伤，受伤后又易感染细菌而生病死亡。因此，苗种3～5厘米，放养效果最好，成活率高，比较大规格的鳅种还要便宜、实惠。

二、苗种培育场地选择

养殖场所应水源充足，排水方便，能自灌自排，水质清新良好，无污染，避风向阳、阳光充足，环境安静，交通便利，供电正常，池底土以黏土带腐殖质为最好，不宜使用沙质底。

三、泥鳅培育池的种类

最好采用专用泥鳅苗培育池，也可采用池塘里开挖的鱼沟、鱼溜或利用孵化池、孵化槽、产卵池及家鱼苗种池进行鳅苗培育。

池塘挖好后应把池壁和池底夯实，以防渗漏，泥鳅善钻洞逃逸，因而鱼池面积要小些，池面200～500平方米，不宜超过1000平方米，池塘四周高出地面30厘米，池埂坡度60°～70°，池深60～90厘米。进排水口用三合土建成，池底铺30厘米左右的厚塘泥，培肥水质。池底最好开50厘米宽、200厘米长、30厘米深的浅沟若干，供泥鳅栖息、避暑防寒和捕捞之用。池中投放浮萍，覆盖面积约占总面积的1/4。

四、培育池的修建

1. 防逃设施

土池的四周可用50厘米×50厘米水泥板做护坡，用铁丝网、塑板、瓷板或尼龙网防逃，以防蛇、鼠等敌害进入养殖区。进排水口用120目网布包裹，防止泥鳅逃跑及敌害生物和野杂鱼卵、苗种进入池塘。

2. 进排水设施

进排水口呈对角线设置，进水口高出水面20厘米，排水口设在鱼溜底部，并用PVC管接上以高出水面30厘米，排水时可通过调节PVC管高度任意调节水位，进排水口要筑防逃设施。

3. 鱼溜

为方便捕捞，池中应设置与排水底口相连的鱼溜，也就是收集泥鳅的坑，面积约为池底面积的5%，比池底深30～50厘米，鱼溜四壁可用木板围住，目的是不能被淤泥掩埋。

五、放养前准备

1. 清塘

放养鱼苗前对土池须进行清塘处理，可以杀灭潜伏的细菌性病原体、寄生虫、对鱼不利的水生生物(青泥苔、水草)、水生昆虫和蝌蚪等敌害生物，减少鱼苗病虫害发生和敌害生物的伤害。

池塘堤埂必须坚实，无渗漏缝眼，以防止幼苗逃出或其他鱼苗窜入池内造成危害。土池清塘前必须先修整池塘，在泥鳅放养前半个月，翻耕并清除过多淤泥，池底推平，夯实堤壁，修补裂缝，察洞堵漏，随后阳光暴晒1周。清塘时按60～75千克/亩生石灰粉放入小坑中，注水溶化成石灰浆水，将其均匀泼洒全池，再将石灰浆水与泥浆搅匀混合，以增强效果，次日注入新水，7～10天后即可放养泥鳅。用生石灰清塘，可清除病原菌和敌害，减少疾病，还有澄清池水、增加池底通气条件、稳定水中酸碱度和改良土壤的作用。

用生石灰、漂白粉交替清塘（每亩用生石灰75千克，漂白粉6～7千克）比单独使用漂白粉或生石灰清塘效果好。

2. 培肥水质

清塘后一个星期注入新水，注入的新水要过滤，加水至30厘米深时，施基肥来培养饵料生物，每10立方米水体施入发酵鸡粪3千克或猪、牛、人粪5千克，也可以每立方米水体施入氮肥7克，磷肥1克。

鳅苗下水以前必须先用十来尾鳅苗试水，证实池水毒性完全消失后、透明度15～20厘米、水色变绿变浓后才能投放鳅苗。

六、鳅苗放养

1. 鳅苗来源

来源于国家级、省级良种场或专业性鱼类繁育场。外购鳅苗应检疫合格。

2. 鳅苗的质量

鳅苗质量的优劣可以从以下几方面来判别，一是了解该批苗繁殖中的受精率、孵化率。一般受精率、孵化率高的批次，鳅苗体质较好，受精率、孵化率较低的批次，鳅苗的体质也就弱一点，培育时的死亡率也会高一点；二是从鳅苗的体色与体型上来看，好的鳅苗体色鲜嫩，体形匀称、肥满，大小一致，游动活泼有精神，而体质较弱的鳅苗体色暗淡，体型较小、嘴尖、瘦弱，活动无力，常常靠边游动；三是人为检查，就是在孵化池中取少量鳅苗，放在白瓷盆中，盆中放孵化池里的水约2厘米，这时用嘴轻轻地吹动水面，观察鳅苗的游动情况，那些奋力顶风、逆水游动的，沥去水后在盆底剧烈挣扎、头尾弯曲厉害的，它们的活力就强，是优质苗；随水波被吹至盆边盆底，挣扎力度弱或仅以头、尾略扭动的则是劣质鳅苗。

3. 放苗前的处理

并不是鳅苗一孵化出后就能立即下塘的，根据鳅苗的特性，鳅苗出膜第 2 天便开口进食，饲养 3～5 天，体长 7 毫米左右，此时卵黄囊消失了，它们必须要外源性营养。这时的鳅苗已经能自由平泳，此时可下池进入苗种培育阶段。鳅苗放养前，须先在同池网箱中暂养半天，并喂 1～2 只蛋黄浆。向网箱内放入鳅苗时，温差不超过 3℃，并须在网箱的上风头轻轻放入。经过暂养的鳅苗方可放入池塘，以提高放养的成活率。

4. 放苗时间

泥鳅苗下塘时间为每年 5 月，放苗以上午 8～9 时或下午4～5 时为宜，避免中午放苗。同一池应放同一批相同规格的鳅苗，以防大鳅吃小鳅，确保苗种均衡生长和提高成活率。

5. 放养量

鳅苗放养密度，在水深 30 厘米的静水池为 750～1000 尾/平方米。有半流水条件的(如孵化池、孵化槽等)可放养 1500～2000 尾/平方米。

6. 注意事项

放苗时盛苗容器内的水温与池水水温差距不能超过 3℃，如泥鳅苗种用尼龙袋充氧运输，则应在放苗下塘前作“缓苗”处理，将充氧尼龙袋置于池内 20 分钟，使充氧尼龙袋内外水温一致时，再把苗种缓缓放出。

七、苗种培育方式

1. 豆浆培育法

在水温 25℃左右时，将黄豆浸泡 5～7 个小时(使黄豆的 2 片子叶中间微凹时出浆率最高)，然后磨成浆。一般每 1.5 千克黄豆可磨成 25 千克的豆浆。豆浆磨好后应立即滤出渣，及时泼洒。不可搁置太久，以防产生沉淀，影响效果。

鳅苗下塘后的最初几天，即鳅苗从内源性营养转换到外源性营养的过程中能否及时摄食到适口的饵料是决定鳅苗成活率的关键。豆浆可以直接被鱼苗摄食，但其大部分沉于池底作为肥料培养浮游动物。因此，豆浆最好采取少量多次均匀泼洒的方法，泼洒时要求池面每个角落都要泼到，以保证鳅苗吃食均匀。一般每天泼洒2～3次，泼浆时间为上午8～9时、下午4～5时各1次，每次每亩用黄豆3～4千克，5天后增至5千克。10天后鳅苗的投喂量视池塘水质情况适当增加投饵量。

豆浆培育鳅苗方法简单，水质肥而稳定，夏花体质强壮，但消耗黄豆较多。一般育成全长30毫米左右的1万尾夏花，需消耗黄豆7～8千克。

2. 粪肥培育法

利用各种粪肥培育鱼苗时，最好预先经过发酵，滤去渣滓。这样既可以使肥效快速、稳定，又能减少疾病的发生。

鱼苗下塘后应每天施肥1次，每亩50～100千克，将粪肥对水向池中均匀泼洒。培育期间施肥量和间隙时间必须视水质、天气和鱼苗浮头情况灵活掌握。培育鳅苗的池塘，水色以褐绿和油绿为好，肥而带爽为宜，如水质过浓或鱼苗浮头时间长，则应适当减少施肥，并及时注水。如水质变黑或天气变化不正常时应特别注意，除及时注水外还应注意观察，防止泛池事故。

3. 有机肥料和豆浆混合培育法

这是一种使粪肥或大草和豆浆相结合的混合培育方法。其技术关键是：

施足基肥：鳅苗下塘前5～7天，每亩施有机肥250～300千克，培育浮游生物。

泼洒豆浆：鳅苗下塘后每天每亩泼洒2～3千克黄豆磨成的豆浆，下塘10天后鱼体长大需增投豆饼糊或其他精饲料。豆浆的泼洒量亦需相应增加。

适时追肥：一般每3～5天追施有机肥160～180千克。

此种方法的优点，就是使鳅苗下塘后既有适口的天然饵料，同时又辅助投喂人工饲料，使鳅苗一直处于快速生长状态。在饲肥利用上亦比较合理与适量，方法灵活，便于掌握，成本适当，因而被各地普遍使用。

八、投喂饲料

在用大豆、粪肥等进行培养天然饵料或直接投喂鳅苗外，还必须对下塘后的鳅苗进行科学投喂。

刚下池的鳅苗，对饲料有较强的选择性，因而需培育轮虫、小型浮游植物等适口饵料，用50目标准筛过滤后，沿池边投喂，并适当投喂熟蛋黄水、鱼粉、奶粉、豆饼等精饲料，每天3～4次，每次每万尾投喂1/4个蛋黄。10天后鳅苗体长达到1厘米时，已可摄食水中昆虫、昆虫幼体和有机物碎屑等食物，可用煮熟的糠、麸、玉米粉、麦粉、豆浆等植物性饲料，拌和剁碎的鱼、虾、螺蚌肉等动物性饲料投喂，每日3～4次，也可继续肥水养殖。

当鳅苗养到1.5～2厘米时，它的呼吸由鳃呼吸逐步转为兼营肠呼吸，如果鳅苗吃食太饱，由于肠道充满食物，往往因呼吸不畅造成鳅苗大批死亡，因此要采取两段饲养法，前期采取肥水与投饵交叉的方法；后期则以肥水为主，适当投喂动物性饵料，以利其肠呼吸功能的形成。同时，在饲料中逐步增加配合饲料的比重，使之逐渐适应人工配合饲料。饲料应投放在离池底5厘米左右的食台上，切忌撒投。初期日投饲量为鳅苗总体重的2%～5%，后期8%～10%，日喂2次，每次投饵要使鳅种在1小时内吃完。泥鳅喜肥水，应及时追施肥料，可施鸡、鸭粪等有机肥，用编织袋装入浸于水中；还可追施化肥，水温较低时可施硝酸铵，水温较高时可施尿素。平时应做好水质管理，及时加注新水，调节水质。

九、水质管理

鳅苗下塘时，池水以50厘米为宜。要不断地调节水质，保持泥鳅养殖池良好水质的重要措施之一是加注新水，刚下池的鳅苗，池水通常保持在40～50厘米。鳅苗经过若干天饲养后，鳅体不断地长大，应每隔5～7天加注1～2次新水，每次加水5厘米左右，提高池塘水位。

注水的数量和次数，应根据具体情况灵活掌握，喂食前或喂食后2～3小时加水，加水前要清除池埂内侧的杂草，保持池塘水色“肥、活、嫩、爽”，水色以黄绿色为佳，透明度20～30厘米为佳。要注意的是，每次加水时间不宜过长，以防鳅苗长时间戏水而消耗体质。

增加池水的溶氧量，促使鳅苗生长发育，也是鳅苗培育过程中水质管理的一项重要内容。这是因为鳅苗在孵化后半个月左右即开始行肠呼吸以前，水中溶量必须充足，这时如果水中溶质不足，往往出现鳅苗因缺氧在一夜之间全部死亡。

判断和控制水体中溶解氧，最可靠的方法就是观察鳅苗的活动情况。如果小苗出现缺氧的情况，它会从水底慢慢地游到水面；如果溶氧充足，小苗大部分在池底，而不会出现在水的中层和池壁上。因此要根据泥鳅苗的状态，采取间歇式的加氧方式。这种方式虽然能控制好鳅苗所需要的溶解氧，可太费神费时。

使用延时控制器也可控制好溶氧，它最大的好处就是设定好时间之后，可以让增氧机定时开、定时关。可以采用冰箱上的延时控制器，通过将冰箱延时控制器接入增氧机，从而控制增氧机的开关。延时控制器是比较普遍的，一般家电维修或者卖电器的都有出售。

十、防暑与越冬

1. 防暑

鳅苗生长适宜水温为22～28℃，33℃以上时死亡率急剧增加，达到36℃死亡率可达70%以上。由于鳅苗培育已经快到接近盛暑期，所以在水温太高时，应注入新水和停止投饵，同时池上应搭凉棚以遮阳。

2. 越冬

冬季水温下降到10℃时鱼种停食，水温下降到5℃时进行冬眠，越冬池封冰前水深应保持在1.5米以上。鱼种的越冬密度为每立方米水体0.75千克。

十一、其他管理

1. 加强巡塘

鳅苗培育期间，坚持每天早、中、晚各巡塘1次，观察泥鳅活动和水色变化情况，发现问题及时处理。第一次巡塘应在凌晨，如发现鳅苗群集在水池侧壁下部，并沿侧壁游到中上层（很少游到水面），这是池中缺氧的信号，应立即换水；午后的巡塘工作主要是查看鳅苗活动的情况、勤除池埂杂草；傍晚查水质，并做记录。

2. 定期预防病害

做好饵料投喂的科学性，要勤打扫、清洗饵料台，做好饲料台、工具等消毒工作，定期投喂预防鱼病的药物。

3. 防敌害

鳅苗培育时期天敌很多，如野杂鱼、蜻蜓幼虫、水蜈蚣、水蛇、水老鼠等，特别是蜻蜓幼虫危害最大。由于泥鳅繁殖季节与蜻蜓相同，在鳅苗池内不时可见到蜻蜓飞来点水（产卵），其孵出幼虫后即大量取食鳅苗。防治方法主要依靠人工驱赶、捕捉。有条件的在水面搭网，既可达到阻隔蜻蜓在水面产卵，又起遮阳降温作用。

同时在注水时应采用密网过滤，防止敌害进入池中。发现蛙及蛙卵要及时捞除，由于青蛙是益虫，建议不要将蛙杀死，也不要将蛙卵捞出随便倒在塘埂上，这样会导致大量蛙卵的死亡，正确的方法是将捕捉的蛙和卵用盆子带水装好，送到另外的水池里或稻田里，让它们发挥作用。

第二节　鳅种的培育

当泥鳅苗经过一段时间的精心培育后，大部分长成了 3 厘米左右的夏花鱼种，这时就要及时进行分养，进入鳅种的培育阶段。这样做的目的主要是可以避免鳅种密度过大和生长差异扩大，从而减轻影响鳅种的继续生长。

一、培育池准备

鳅种培育池和鳅苗培育池基本是一样的，要预先做好清塘修整铺土工作，并施基肥，做到肥水下塘。只是面积可以略大一点，最大不宜超过 1200 平方米，水深保持 40～50 厘米。

培育池的清塘消毒不可忽视，一定要做好消毒工作，以杀灭病害。每 100 平方米用生石灰 10 千克兑水进行清塘消毒，方法是在池中挖几个浅坑，将生石灰倒入加水化开，趁热全池均匀泼洒。澄清一夜后，第二天用耙将塘泥与石灰耙匀，效果会更好，然后放水 70 厘米左右，等 1 周左右药性消失后就可以放养鳅种了。

二、培肥水质

鳅种培育应采用肥水培育的方法。在鳅种放养 1 周前，适量施入有机肥料用以培育水质，生产活饵料。待生石灰药力消失，放苗试水，1 天后无异常，且轮虫密度达 4～5 只/毫升时，即可放苗。

鳅种培育期间，也需要根据水色适当追肥，来继续培肥水质，可采用腐熟有机肥兑水泼浇。也可将有机肥在塘角沤制，使肥汁慢慢渗入水中。或可用麻袋或饲料袋装上有机肥，浸于池中作为追肥，有机肥的用量为 0.5 千克/平方米左右。如池水太瘦，可用尿素追施（化肥应尽量控制使用），晴天上午 9～10 时施用，方法是少量多次，以保持水色黄绿、适当肥度。

三、鳅种放养

1. 鳅种质量

放养的夏花要求规格整齐、体质健壮、无病无畸形，体长 3 厘米以上。如果是外购泥鳅夏花应经检疫合格后方可入池。

如果是自己培育的夏花鳅种，也要在放养前进行拉网检查，判断它的活力和质量，操作具体做法是：先用夏花渔网将泥鳅捕起集中到网箱中，再用泥鳅筛进行筛选，泥鳅筛长和宽均为 40 厘米，高 15 厘米，底部用硬木做栅条，四周以杉木板围成。栅条长 40 厘米，宽 1 厘米，高 2.5 厘米。也可用一定规格的网片做成，网片应选择柔软的材料加工。在操作时手脚要轻巧，避免伤苗。发觉鳅苗体质较差时，应立即放回强化饲养 2～3 天后再起捕。如果质量较好，活力很强，就可以准备放养。

如果是外来购进的鳅种，则更要进行质量检验了，检验的方法是这样的：第一种方法是将鳅种放在鱼桶中或水盆中，加入本塘的水，然后用手掌在里面轻轻用力搅动水流，使盆里的水成漩涡状，这时进行观察，如果绝大部分鳅种能在漩涡边缘溯水游动者且动作敏捷的就是优质鳅种；如果绝大部分鳅种被卷入漩涡中央部位，随波逐流者，流动无力的就是弱种或劣质鳅种，这时不要购买。第二种方法是将待选购的鳅种捞取一点，放在白瓷盆中，盆中仅仅放 1 厘米左右的水，看鳅种在盆底的挣扎程度，如果扭动剧烈、头尾弯曲厉害、有时甚至能跳跃的为优质苗；如果它们贴在盆边或盆底，挣扎力度弱或仅以头、尾略扭动者为劣质苗，这时也不宜选购。

还有一点要注意的是如果供种场家把你带到专门暂养鳅种的网箱边时，你可以注意一下，如果这里的网箱很多，那就说明这些鳅种在网箱中暂养时间太久了，它们会因营养供给不足而消瘦、体质下降，这种鳅种不宜作长途转运，也不宜购买。

在放养时一定要注意，同一池中的鳅种，它们的规格要整齐一致。

2. 放养密度

基肥施放后 7 天即可放养。用土池培育鳅种时，一般放养密度为 200～300 尾/平方米泥鳅夏花，还可少量放养滤食性鱼类，如鲢、鳙。用水泥池培育鳅种的，每平方米放养 500～800 尾，有流水条件的，放养密度可加倍。

四、饲养管理

1. 饲料

除用施肥的方法增加天然饵料外，还应投喂人工饵料，如鱼粉、鱼浆、动物内脏、蚕蛹、猪血（粉）、孑孓幼虫等动物性饲料及谷物、米糠、大豆粉、麸皮、蔬菜、豆腐渣、酱油粕等植物性饲料，以满足泥鳅生长所需要的营养和能量，促进泥鳅的健康生长。

在放养后的 10～15 天内开始撒喂粉状配合饲料，几天之后将粉状配合饲料调成糊状定点投喂。要逐步增加配合饲料的比重，使之完全过渡到适应人工配合饲料，配合饲料蛋白含量为 30％，人工配合饲料中动物性和植物性原料的比例为 7∶3，用豆饼、菜饼、鱼粉（或蚕蛹粉）和血粉配成。水温升高到 25℃以上，饲料中动物性原料可提高到 80％。

2. 投饲量

日投饵量随水温高低而有变化，通常为在池泥鳅总体重的 3％～10％，最多不超过 10％。水温在 20～25℃以下时，饲料的日投量为泥鳅体重的 2％～5％；水温在 25～30℃时，日投量为在池泥鳅总体重的5%～10%；水温在30℃以上或低于12℃时，则不喂或少喂。

3. 投饲方法

放养后实行"定质、定量、定时、定位"投喂制度，将饵料搅拌成软块状，投放在食台中，把食台沉到离池底3～5厘米处，切忌散投。每天上、下午各1次，上午喂30%、下午喂70%。经常观察泥鳅吃食情况，以1～2小时内吃完为好。另外，还要根据天气变化情况及水质条件、水质、水温、饲料性质、摄食情况酌情适当调整投喂量。

五、其他日常管理

经常清除池边杂草，检查防逃设施有无损坏，发现漏洞及时抢修。每日观察泥鳅吃食情况及活动情况，发现鱼病及时治疗。定期测量池水透明度，通过加注新水或施追肥调节，保持透明度15～25厘米。定期泼洒生石灰，使池水成5～10毫克/升的浓度。

第四章　泥鳅的饲料

第一节　泥鳅的饵料种类

一、泥鳅饲料的来源

泥鳅饲料的来源主要有以下几种途径。

一是运用人粪、猪粪、牛粪、羊粪等以及化肥通过培肥水体来增加水中有机物、藻类植物和轮虫、水蚤、水蚯蚓、孑孓、草履虫等食物；

二是捕捞和采集适于泥鳅捕食的动物性活饵如小鱼、小虾、田螺、蚯蚓、昆虫类和蜗牛等；

三是广泛收集屠宰下脚料、农副产品加工下脚料、小杂鱼肉、豆渣、米糠、豆饼、菜粕、麦麸和幼嫩植物的茎、叶、种子等；

四是人工专门培养泥鳅喜食的活饵料，如黄粉虫、蚯蚓、蛆虫、蚕蛹等；

五是配制泥鳅专用全价饲料。

六是利用昆虫的趋光性，晚上在泥鳅池内用黑光灯诱集昆虫，供泥鳅捕食。利用昆虫对鱼腥味、糖和酒味等特殊气味的趋向性，在饵料台等处安置内盛糖、酒和水混合液的小盆诱集昆虫。

二、泥鳅饲料的种类

1. 从类型上分有两大类：天然饲料和人工饲料

天然饲料是指浮游植物、浮游动物、底栖动物、水生植物等江河、湖泊、水库、池塘等一切水体中天然繁殖生长的各种饵料生物。

人工饲料是通过人们劳动取得的饲料的统称，包括人工培育的活饵料、人工配合颗粒饲料、人工捞取或捕捉的饵料等。养殖户可以利用大田或池埂、池坡、零星废地种植麦类、豆类等农作物及加工后的副产品作为泥鳅的饲料，也可专门培育或利用简易设施养殖各种活体饵料。

2. 从性质上分有三大类：植物性、动物性和配合饲料

植物性饲料主要有麦粉、玉米粉、麦麸、米糠、豆渣、叶菜类、菜饼、水草等。

动物性饲料主要有浮游动物如原生动物、枝角类、水蚤、桡足类、摇蚊幼虫、轮虫等等，活体饵料如鱼粉、蚯蚓、丝蚯蚓、蚕蛹、黄粉虫、蝇蛆、螺、蚌和小鱼虾等，动物下脚料如猪血、猪肝、猪肺、牛肝、牛肺等。

配合饲料就是用上述饲料作为原料，按照泥鳅不同生长期对营养的需求设计配方，然后加工成不同规格、不同类型的适口性好、饲料转化率高的颗粒饲料进行投喂，主要有粉状料、糖化发酵饲料、颗粒饲料、微囊颗粒浮性饲料。

第二节 颗粒饲料的配制

在规模化养殖泥鳅时，不可能总是依靠天然饵料，配合饲料的准备是必须的，除了在市场上购买现成的颗粒饲料外，养殖户可以自行配制颗粒饲料，这对于降低养殖成本是很有好处的。

一、泥鳅饲料配方设计的原则

由于配合饲料是基于饲料配方基础上的加工产品，所以饲料配方设计的合理与否，直接影响到配合饲料的质量与效益，因此必

须对饲料配方进行科学的设计。饲料配方设计必须遵循以下原则:

(一)营养原则

1. 必须以营养需要量标准为依据

根据泥鳅的生长阶段和生长速度选择适宜的营养需要量标准,并结合实际养殖效果确定出日粮的营养浓度,至少要满足能量、蛋白质、钙、磷、食盐、赖氨酸和蛋氨酸这几个营养指标。同时要考虑到水温、饲养管理条件、饲料资源及质量、泥鳅健康状况等诸多因素的影响,对营养需要量标准灵活运用,合理调整。

2. 注意营养的全面和平衡

配合日粮时,不仅要考虑各营养物质的含量,还要考虑各营养素的全价性和平衡性,营养素的全价性即各营养物质之间(如能量与蛋白质、氨基酸与维生素、氨基酸与矿物质等)以及同类营养物质之间(如氨基酸与氨基酸、矿物质与矿物质)的相对平衡。因此,应注意饲料的多样化,尽量多用几种饲料原料进行配合,取长补短。这样有利于配制成营养完全的日粮,充分发挥各种饲料中蛋白质的互补作用,提高日粮的消化率和营养物质的利用率。

(二)经济原则

在泥鳅养殖生产中,饲料费用占很大比例,一般要占养殖总成本的70%～80%。在配合饲料时,必须结合泥鳅养殖的实际经验和当地自然条件,因地制宜、就地取材,充分利用当地的饲料资源,制定出价格适宜的饲料配方。优选饲料配方要注意的是,既要保证营养能满足泥鳅的合理需要,又要保证生产出来的饲料具有价格上的优势,也就是性价比最优。也只有合理地选用饲料原料,正确地给出约束条件中的限定值,才能实现配方的营养原则和经济原则。一般说来,利用本地饲料资源,可保证饲料来源充足,减少饲料运输费用，降低饲料生产成本。在配方设计时，可根据不同的养殖方式设计不同营养水平的饲料配方，最大限度地节省成本。

（三）卫生原则

在设计配方时，应充分考虑饲料的卫生安全要求。考虑营养指标的同时应注意饲料原料的卫生指标，所用的饲料原料应无毒、无害、未发霉、无污染。严重发霉变质的饲料应禁止使用。在饲料原料中，如玉米、米糠、花生饼、棉仁饼因脂肪含量高，容易发霉感染黄曲霉并产生黄曲霉毒素，损害泥鳅的肝脏。此外，还应注意所使用的原料是否受农药和其他有毒、有害物质的污染。

（四）安全原则

安全性是指依所设计的添加剂预混料配方生产出来的产品，在饲养实践中必须安全可靠。所选用原料品质必须符合国家有关标准的规定，有毒有害物质含量不得超出允许限度；不影响饲料的适口性；长期使用不产生急、慢性毒害等不良影响；在上市泥鳅体内的残留量不能超过规定标准，不得影响水产品的质量和人体健康；不导致泥鳅亲鱼生殖生理的改变或繁殖性能的损伤；维生素含量等不得低于产品标签标明的含量及超过有效期限。

（五）生理原则

科学的饲料配方，其所选用的饲料原料还应适合泥鳅的食欲和消化生理特点，所以要考虑饲料原料的适口性、容积、调养性和消化性等。

（六）优选配方步骤

优选饲料配方主要有以下步骤：①确定饲料原料种类；②确定营养指标；③查营养成分表；④确定饲料用量范围；⑤查饲料原料

价格；⑥建立线性规划模型并计算结果；⑦得到一个最优化的饲料配方。

二、泥鳅饲料原料的选择要求

为配制出高品质的配合饲料，在选择配合饲料的原料时应注意以下几个问题：

1. 饲料原料的营养价值

在配合饲料时必须详细了解各类饲料原料营养成分的含量，有条件时应进行实际测定。

2. 饲料原料的特性

配制饲料时还要注意饲料原料的有关特性。如适口性、饲料中有毒有害成分的含量、有无霉变、来源是否充足、价格是否合理等。

3. 饲料的组成

饲料的组成应坚持多样化的原则，这样可以发挥各种饲料原料之间的营养互补作用，如目前提倡豆饼、菜饼、花生饼、芝麻饼、茶饼等多饼配合使用，以保证营养物质的完全平衡，提高饲料的利用率。

4. 其他特殊要求

原料的选择要考虑水产饲料的特殊要求，考虑它在水中的稳定性，须选用α-淀粉、谷朊粉等。

三、制作泥鳅配合饲料的原料

泥鳅配合饲料的原料与其他鱼、畜禽的大致相同，一般包括4个方面。

1. 能量饲料

能量饲料在日粮中占有相当大的比例，一般占50%以上，所以说能量饲料的营养特性显著地影响着配合饲料的质量。各种饲料所含的有效能量多少不一，这主要决定于粗纤维含量。饲料分类的依据是干物质中含粗蛋白质低于20%(不包括20%)，粗纤维低于18%(不包括18%)为能量饲料。

目前，常用的能量饲料主要是谷实类如玉米、稻谷、大麦、小麦、燕麦、粟谷、高粱及其它们的加工副产品。其他一些能量饲料如块根、块茎、瓜果类在鱼用配合饲料中不常用。

2. 蛋白质饲料

常见的蛋白质饲料有黄豆、豌豆、蚕豆、杂豆、豆饼、棉仁饼、菜籽饼、芝麻饼、花生饼等。另一类比较优质的动物蛋白饲料是鱼粉、骨肉粉、虾粉、蚕蛹粉、肝粉、蛋粉、血粉等。蛋白分解之后变成氨基酸，氨基酸添加剂是蛋白质的营养强化剂。饲料中添加少量的必需氨基酸，可与饲料中的氨基酸齐全配套，提高饲料的利用率。

3. 粗饲料

干物质中粗纤维含量在18%以上的饲料，都属于粗饲料。主要是作物的秸秆、藤叶、秕壳、干草，尤其是豆科的藤叶、秸秆是营养价值较好的一类粗饲料。

4. 添加剂

添加剂一般分为4类。

(1)矿物质添加剂　包括常量和微量元素。一般植物性饲料中缺乏钙、磷、氯、钠，可用食盐补充氯和钠的需要。滑石粉、蛋壳粉、贝壳粉、骨粉、脱氟磷矿粉都含有钙和磷。微量元素中，目前已知在饲料中缺乏、但添加之后在养殖生产中能发挥作用的有铁、锌、铜、锰、钴等。在配合饲料中选配哪几种矿物质和微量元素及其使用的比例，这与所产饲料原料的地区性关系很大。如有的地区缺铜，而有的地区缺锌，配料时应了解饲料中的含量，再按饲养标准确定添加矿物质的种类和数量。

(2)氨基酸添加剂　根据对泥鳅所需氨基酸的研究，证明了泥鳅必需氨基酸有10多种，最主要的有赖氨酸、蛋氨酸和色氨酸。作为饲料添加剂用的氨基酸工业产品有DL-蛋氨酸、盐酸L-赖氨酸、甘氨酸、谷氨酸钠、L-色氨酸等，饲料中氨基酸的含量差别很大，很难规定一个统一的添加比例，目前一般添加量为饲料总重量的0.1%～0.3%。具体添加比例，要根据饲料中的营养浓度和饲养实践来确定。

（3）维生素添加剂目前可作为饲料用的维生素添加物主要有：维生素A粉末，维生素A油，维生素D_2油，维生素E粉末，维生素E油，维生素K粉末，维生素B_1，维生素B_2，维生素B_6，烟酸，泛酸，氯化胆碱等。

（4）非营养性添加剂包括激素、抗菌素、抗寄生虫药物、人工合成抗氧化剂、防霉剂等，使用时严格按生产厂家说明书添加。要注意的是，任何同效的两种添加剂不得向一种饲料中同时加入。

四、饲料配方设计的方法

饲料配方计算技术是动物营养学、饲料科学同数学与计算机科学相结合的产物。它是实现饲料合理搭配，获得高效益、降低成本的重要手段，是发展配合饲料，实现养殖业现代化的一项基础工作。常用的计算饲料配方的方法有：试差法、对角线法、连立方程法和计算机法，使用时各有利弊。

五、饲料配方举例

根据我们的试验，泥鳅的颗粒饲料要求粗蛋白含量在28%～38%，我们通常用来喂养泥鳅的配合饲料可分为3种规格，一种规格为3～6厘米的鳅苗使用，一种规格为6～10厘米的中泥鳅使用，还有一种规格为10～15厘米的成鳅使用。3种规格的饲料不仅颗粒大小不同，蛋白质的含量也不同，鳅苗的蛋白质含量要求高一些，成鳅的蛋白质含量要求低一些。

根据泥鳅的营养需求配制成的泥鳅人工配合饵料配方如下，仅供泥鳅养殖户参考。

配方一(%)：鱼粉10～20、豆饼粉20～35、小麦粉15～18、菜饼粉8～15、米糠粉5～8、龙虾粉5～8、鸡肠粉2～4、鱼用生长素1～1.4、血粉5～8、蚕蛹粉4～7、无机盐0.1～0.5，所述的百分比为重量百分比。

配方二(%)：鱼粉15、豆粕20、菜籽饼20、四号粉30、米糠12、添加剂3。

配方三(%)：麦麸42、豆粕20、棉粕10、鱼粉15、血粉10、酵母粉3。

配方四(%)：麦麸48、豆粕20、棉粕10、鱼粉12、血粉7、酵母粉3。

配方五(%)：麦麸50、豆粕20、棉粕10、鱼粉10、血粉7、酵母粉3。

配方六(%)：小麦粉50，豆饼粉20，菜饼粉10(或米糠粉10)，鱼粉10(或蚕蛹粉10)，血粉7，酵母粉3。

配方七(%)：肉粉20，白菜叶10，豆饼粉10，米糠50，螺壳粉2，蚯蚓粉8。

配方八(%)：血粉20，花生饼40，麦麸12，大麦粉10，豆饼15，无机盐2，维生素添加剂1。

配方九(%)：豆饼40，菜籽饼5，鱼粉10，血粉5，麦麸30，苜蓿粉10。

配方十(%)：小杂鱼50，花生饼25，饲用酵母粉2，麦麸10，小麦粉13。

六、饲料加工

饲料加工是指将饲料原料充分粉碎、混合后制作成具有一定的物理形状的生产过程。加工方法有机械加工和半机械加工等多种。一般饲料成品有粉状和颗粒状 2 种。颗粒制粒方法有压力法和膨化法。

生产上,用作泥鳅的饲料一般制作成湿软颗粒或面团状,这两种形状的饲料对泥鳅都有较好的适口性。为使鱼类能够有效摄食和减轻水质污染,泥鳅饲料最好加工成可在水中有一定稳定时间的颗粒。

湿软颗粒饲料或半干颗粒饲料的制作方法是在干的经粉碎的原料中加入水和某种亲水胶体黏合剂,如羧甲基纤维素、α-淀粉或苜蓿粉,再混合制成柔软的湿颗粒。湿颗粒饲料的优点是对泥鳅的适口性好,加工设备简单,不需要加热和干燥设备等。但缺点是易变质,如不立即投喂或冷冻保存,很容易受微生物污染或被氧化。制作湿颗粒饲料的某些原料应进行消毒处理,使可能存在的病原体和硫胺素酶失活。如无冷冻条件,可在湿颗粒饲料中加入丙烯乙二醇之类的致湿剂,可以降低水的活性使微生物无法生存;或加入丙酸、山梨酸之类的防霉剂,抑制霉菌的生长。一般情况下,湿颗粒饲料都应在密封状态下低温贮存,以防变质。制作泥鳅湿软颗粒饲料时,水的适宜加入量为 30%~40%。

七、影响配合饲料质量的因素

影响配合饲料的因素是多方面的,概括起来有以下几个方面:

1. 饲料原料

饲料原料是保证饲料质量的重要环节。劣质原料不可能加工出优质配合饲料。为了降低饲料成本而采购价廉而质次的原料是不可取的。

2. 配合饲料配方

饲料配方的科学设计是保证饲料质量的关键。配方设计不科学、不合理就不可能生产出质量好的配合饲料。

3. 饲料加工

配合饲料的加工与质量关系极为密切。仅有好的配方、好的原料,如加工过程不合理也不能生产出好的配合饲料。在加工过程中影响饲料质量的有:粉碎粒度是否够细,称量是否准确,混合是否均匀,除杂是否完全,蒸汽调质的温度、压力是否适宜,造粒是否压紧,颗粒大小是否合适,熟化温度及时间是否科学等。

4. 饲料原料和成品的贮藏

饲料原料和成品在运输贮藏时决不能掉以轻心,必须采取有力措施,加强管理以保证其质量。

第三节 泥鳅活饵料的培育

一、养殖泥鳅培育活饵料的意义

活饵料对泥鳅的养殖是十分重要的,粗放式的泥鳅套养主要依靠天然饵料生物来进行增养殖,在池塘精养时,这些活饵料也是解决泥鳅养殖、尤其是种苗培育阶段所需饵料的一个重要来源。因此培育活饵料对养殖泥鳅是具有重要意义的,体现在以下几个方面:

1. 活饵料是重要的蛋白源

据测定,光合细菌、螺旋藻、轮虫、桡足类、黄粉虫、蝇蛆、蚯蚓中的蛋白质含量相当高,分别为65.5%、58.5%~71%、56.8%、59.8%、64%、54%~62%、53.5%~65%。而且各营养成分平衡,氨基酸组分合理,含有全部的必需氨基酸,是泥鳅养殖中最主要的优质蛋白源之一。

2. 活饵料的营养丰富,适合泥鳅的营养需求

例如光合细菌、蚯蚓、水蚤、螺旋藻等,不但营养价值高,容易被消化吸收,而且对池塘养殖的泥鳅有促进生长发育和防病作用。

3. 利用活饵料驯养野生泥鳅,诱鱼效果好

这些活饵料的体内均含有特殊的气味,驯养野生泥鳅的效果极佳而且在鱼体内易消化,在池塘养殖时,常使用蚯蚓粉拌饵投喂法来驯化从野外捕捉的泥鳅,在闻到这些活饵料特有的气味后,野生泥鳅会集群抢食,效果明显。

4. 活饵料的适口性好

刚孵化出的泥鳅幼体,在卵黄囊消失后,幼体在开始摄食时,只能摄取几微米到十几微米大小的饵料,而如此微小的饵料颗粒,以目前的技术水平还难以大规模用人工饵料来完全取代,因此可以通过选择大小合适的生物饵料种类进行培养来满足幼体的开口摄食要求。例如泥鳅鱼苗的口径在 0.22～0.29 毫米,它们适口食物的大小应在 0.16～0.43 毫米。而轮虫的个体一般在 0.16～0.23毫米,完全符合各种鱼苗适口食物的需要,枝角类个体在 0.6～1.6 毫米、桡足类个体在 0.8～2.5 毫米都是泥鳅鱼苗培育后期的良好活饵料。因此我们在泥鳅苗种培育和成鱼养殖中,常采用“肥水下塘”,实际上就是利用粪便、大草等农家肥来培肥水质即培养大量的适口活饵料—轮虫、枝角类和桡足类供鱼苗食用。

5. 改善池塘的水质

饵料生物是活的生物,在水中能正常生活,优化水质。例如单细胞藻类在水中进行光合作用,放出氧气;光合细菌和单细胞藻类都能降解水中的富营养化物质,有改善水质的作用。

6. 用天然活饵养殖的泥鳅风味好

在人工小池塘中用蚯蚓和水蚤喂养出来的泥鳅,体色更加有光泽,发出黄灿灿的色彩,而且它的肉质细嫩、洁白,口感极佳,肥而不腻,比用人工饲料强化喂养的泥鳅好得多,而且没有特殊的泥土味,深受消费者的青睐。

二、光合细菌的培养

1. 光合细菌在泥鳅养殖中的意义

光合细菌，是地球上最古老的具有原始光能合成体系的原核生物，是一类在厌氧条件下进行光合作用且不产生氧气的一类细菌的总称。经过研究，人们发现了光合细菌的菌体对家禽、家畜及鱼、虾、蟹、鳅、贝幼体具有明显的促进生长和提高成活率的作用，从而为光合细菌菌体的综合利用开拓了新的领域。现在，光合细菌作为一种具有特殊营养、促生长、抗病因子和高效率净化养殖污水及对环境和水产动物无毒无害的特殊细菌受到了人们的普遍重视，在水产养殖中被广泛应用，在泥鳅养殖中也被人们日益重视。

光合细菌在泥鳅养殖中的优点：

一是光合细菌个体小、繁殖快、适应性强、代谢方式多样，菌体细胞中含有丰富的营养成分，是一类极具开发潜力的有益微生物，在泥鳅养殖业中具有广阔的应用前景。

二是光合细菌能够有效地利用环境中的无机物、小分子有机物，在一定条件下，通过光合作用生长繁殖，即通过其生命活动将废弃的甚至有害的物质转化为具有多种营养价值的菌体，这对当今污染严重、生态恶化的池塘养殖环境来说无疑是非常有意义的。

三是光合细菌菌体无毒无害，营养价值极高，蛋白质含量占菌体干物质总量的60%以上，B族维生素含量丰富，种类齐全，尤其是作为生物体内具有重要生理活性物质的辅酶Q的含量远远超过其他生物的含量，而辅酶Q是免疫增强物质，可以提高泥鳅肌体抗病力，同时光合细菌还含有未知生长因子。

四是光合细菌与异养发酵菌比较起来，所需营养物质简单，培养周期较短，培养方式简单，这样大大降低生产成本，更有利于推广应用。

五是光合细菌在泥鳅养殖中使用时，具有净化水质、增加溶氧、提高养殖密度、促进生长、缩短养殖周期、增加免疫防治病害、提高成活率等作用。

2. 光合细菌的培养方式

大量培养光合细菌，目前主要采取以下两种方法：开放式微气光照培养和封闭式厌气光照培养，这两种方法相比较，以厌气培养方式比较理想，微气培养方式虽然设备比较简单，易于大量生产，但杂菌污染程度大，培养达到的菌体密度低。

(1)开放式微气光照培养：采用100～200升容量的塑料桶或500升容量的卤虫孵化桶为培养容器，桶底装气石，提供微弱充气，以白炽灯作为光源，提供2000Lx左右光照。容器、培养基消毒后按1∶4～1∶1的比例接种，在适温下经7～10天培养达到生长高峰。

(2)封闭式厌气光照培养：培养容器采用无色透明的玻璃容器或塑料薄膜袋，经消毒处理，装入消毒后的培养基，按1∶1～1∶4的比例接种。在厌气环境时，置于适宜的温度条件下，利用阳光或人工光源照射进行培养，定时进行人工搅动。一般经5～10天的培养达到生长高峰，可采收或扩养。

3. 光合细菌的培养方法

(1)培养容器、工具的消毒处理

光合细菌大量培养时所用的培养容器大多为10000～20000毫升的细口瓶、塑料薄膜袋或塑料水槽。这些培养容器既不宜用高压蒸汽灭菌，也不宜用高温烘箱灭菌，在生产上只能用化学物品进行消毒处理，如利用高锰酸钾溶液浸泡或次氯酸钠浸洗。

(2)培养基的配制

培养基的配方：培养光合细菌首先应选择一个能基本满足培养菌种的生理生态特性和营养需求、经过培养实践证明效果比较理想的配方。

配制培养基的用水：配制培养基的用水，根据淡水种和海水种的不同而有一定的差异。如果培养的光合细菌是淡水种，菌种培养可用自来水或井水配制；如果培养的光合细菌是海水种，则用天然海水或人工海水配制，用天然海水配制培养基，可免加钙盐如六水氯化钙（$CaCl_2 \cdot 6H_2O$）或二水氯化钙（$CaCl_2 \cdot 2H_2O$）和镁盐如七水硫酸镁（$MgSO_4 \cdot 7H_2O$）；另外在海水中加入磷元素时不能用磷酸氢二钾（K_2HPO_4），应该用磷酸二氢钾（KH_2PO_4），不然会产生大量沉淀。

配制：配制培养基的基本步骤是按培养基配方把各种成分逐一称量、溶解、混合，配成培养基，也可以把部分组分配成母液，使用比较方便。目前进行光合细菌大量培养的培养基的来源主要有两种。一种是用各种营养成分的化学试剂人工配制的培养基。这种培养基的配制方法与培养菌种的培养基相同。另一种是用含大量有机物的各种废水，适当补加某些营养成分，作为培养基。用含大量有机物的废水作培养基，应先把废水的 pH 值调节到 7 左右，大量通气，使好气性异养细菌大量繁殖，将废水中的大量有机物分子分解成低分子有机物，然后煮沸消毒，再补加某些营养成分。

灭菌和消毒：菌种培养用的培养基应连同培养容器用高压蒸汽灭菌锅消毒灭菌。小型生产性培养可把配好的培养液用普通铝锅煮沸消毒；大型生产性培养则先把培养用水经次氯酸钠处理后，再加入配方成分，充分溶解后即可。

(3)接种

培养基配制消毒后，应立即进行接种，菌种的质量要好，应处于指数生长期。接种前应仔细镜检，菌种不能有污染，光合细菌大量培养时接种量要大，一般应达到 1∶2，最好能达到 1∶1，尤其是微气培养接种量应高些，即 1 份菌种接种于 2 份培养基中。接种量大，光合细菌一开始就占有绝对优势，可以抑制杂菌的生长；同时参与繁殖的细胞数量多，增殖速度快，有利于提高产量和质量。

(4)日常管理

为了达到培养的高产目的,必须为培养的光合细菌提供最适宜的生态环境,同时,光合细菌在增殖过程中,生态环境又是不断变化的,主要的变化是菌液的透光性变差和 pH 值升高,因此要调整到适宜或最适状态,这些都是通过日常管理来完成,日常管理的主要内容包括以下几个方面。

搅拌:搅拌的作用有两个,一个是使光合细菌在培养基中分布均匀,另一个作用是使光合细菌经常变换位置,尤其是帮助沉淀的光合细菌上浮,接受光照,从而使每个细菌受光相对均匀,保持细菌良好的生长状态。因此搅拌是光合细菌培养中不可忽视的一项管理措施。

调节温度:光合细菌对温度的适应范围很广,一般在 20～39℃,均能正常生长繁殖。所以光合细菌的大量培养不一定要求恒温,如果一天中的温度变化在适温范围内,可以在常温下进行培育。但在日常管理中也要注意温度问题,并作适当的调节。如果温度偏低,可以把培养容器放在箱子里,利用白炽灯散发的热来提高箱内温度,并根据需要,调整箱子的密封程度来达到调节温度的目的;如果温度过高,可开窗通风或用电风扇降温。对于经常培养的淡水用菌种沼泽红假单孢菌,最适温度为 28～32℃。

调节 pH 值:随着光合细菌的增殖,菌液的 pH 值不断上升,这是光合细菌大量增殖的结果,也是光合细菌生长繁殖正常的标志,但是 pH 值上升到一定高度超越最适范围甚至超越生长的适宜范围时,说明生长已到顶峰,光合细菌随即增殖缓慢或不再增殖。因此菌液的 pH 值升高是限制光合细菌增殖的一个主要因素,调节的方法是通过加酸的办法来降低菌液的酸碱度,常用酸主要是醋酸、乳酸和盐酸均可,最常用的是醋酸,也可通过采收或再接种扩大培养的措施调节 pH 值。

调节光照强度:培养光合细菌需要连续进行照明,白天应尽量利用自然光，以节约能源，晚间则需人工光源照明或完全用人工光源培养。人工光源可以用白炽灯泡，对于大量培养时，用碘钨灯更经济，白天自然光照不足时也要用人工光源进行及时补充。

在光合细菌大量培养时，由于培养容器大，光通过菌液衰减比较严重，菌液表层和深层的光照强度相差可能较大，故应适当增加光照强度，可以增加到 2000～5000Lx；如果厌氧条件控制的好，光合细菌生长繁殖的快，密度高，光照强度还可以提高到 5000～10000Lx，增加光照度后，要适当增加搅拌次数。调节光照强度可以通过调节培养容器与光源的距离或使用可控电源箱来调节。

(5)收获

光合细菌的生长曲线呈“S”型，即增殖最快的是指数生长期，同时在指数生长期其质量也是最好，指数生长期之后，虽然数量还在缓慢生长，但质量已明显下降，因此收获时最好选择在指数生长期之末。

4. 光合细菌在泥鳅养殖中的使用方法

选择正确的使用方法是保证光合细菌使用效果的前提条件。光合细菌在泥鳅养殖上的应用方法主要有以下几种：

(1)用于净化水质的使用方法

光合细菌作为养殖水质净化剂，目前国内外均已进入生产性应用阶段。一般是将光合细菌与 20 倍左右的水混合后全池泼洒，并在投饵区等重污染区域加大使用量和使用次数。由于光合细菌是靠其在生长繁殖过程中利用有机物、铵盐等来净化水质的，只有当菌体数量达到一定规模时，净化效果才比较明显。因此光合细菌对水质的净化过程需要较长的时间，不像化学药剂来得那么快，在实际应用时，应在苗种入池前一到两周或高温期到来前一到两个月开始施用，并在高温期每隔半个月左右追施 1 次。

(2)用于防治疾病的使用方法

光合细菌对传染性疾病尤其是细菌性和真菌性疾病的防治效

果较好。使用方法与净化水质相似，采用全池泼洒，一旦出现病情，将患病个体捞出，用稀释10倍的菌液浸浴10～20分钟，可收到很好的效果。

(3)苗种培育过程中的使用方法

光合细菌在育苗生产中的应用，一般对促进幼体生长和提高成活率有较明显效果，从而提高产量。其主要作用有两方面，一是净化水质，改善幼体的环境条件，二是作为饵料被幼体摄食。光合细菌在育苗中的使用方法是从幼体破膜开始直至出苗的整个育苗期间都可施用光合细菌。一般是每天换水后分早、晚两次投喂，可将光合细菌经过适当稀释后全池泼洒，或与豆浆、蛋黄等代用饵料混合投喂。

(4)作为饲料添加剂的使用方法

一般是将经过稀释的光合细菌均匀喷洒在配合饲料或鲜活饲料上，立即投喂或阴干后备用。硬颗粒配合饲料在加工过程中不宜加入，以免加工过程中的高温会破坏菌体的有效成分。

(5)光合细菌对提高泥鳅成活率的作用

通过泼洒、拌饵投喂等手段，能有效地提高泥鳅的成活率。

(6)促进泥鳅的生长

在泥鳅池塘中泼洒光合细菌，使池水中的光合细菌浓度达到5毫克/升，在整个生长期共泼洒5～6次，最后收获可增产10%左右，且饵料系数为降低15%左右。光合细菌作为饲料添加剂不但能促进泥鳅生长，而且使其体色鲜艳、品质接近野生个体，同时也能防治疾病和改善泥鳅的品质。

5. 光合细菌的使用量

使用量也是光合细菌应用中的一个关键问题。用量太少则效果不明显，用量太多会增加了用户的经济负担。故确定使用量的原则是在保证效果的前提下越少越好，常用的量为：A. 净化水质，第一次施用时用量为每立方米水体10～15毫升，追施时为5～10

毫升;B.作为饲料添加剂时用量为1%～2%;C.苗种培育过程中的使用量为每日每立方米水体100～150毫升,分早、晚两次投喂。

值得注意的是:光合细菌的优点很多,但它只有在适宜的温度及阳光下繁殖生长,方可发挥其优良的功效,因此一方面要保证菌液的质量浓度在2.1亿个/毫升以上,另一方面还应避免在阴雨天或水温较低的情况下使用。

三、枝角类的培养

枝角类又称水溞,是鱼虫的代表种类,隶属于节肢动物门、甲壳纲、枝角目,是一种小型的甲壳动物,也是淡水水体中最重要的浮游生物组成,含有泥鳅营养所必需的重要氨基酸,而且维生素及钙质也颇为丰富,是饲养泥鳅幼体的理想饲料,尤其是刚繁殖后进入池塘培育时的优质开口饵料之一。

1. 培养条件

枝角类培养对象应选择生态耐性广、繁殖力强、体型较大的种类,如蚤状溞、隆线溞、长刺溞及裸腹溞均适于人工培养。人工培养的溞种来源十分广泛,一般水温达18℃以上时,一些富营养水体中经常有枝角类大量繁殖。凌晨黎明前可用浮游动物网采集,在室外水温低、尚无枝角类大量繁殖的情况下,可采取往年枝角类大量繁殖过的池塘淤泥,其中的休眠卵(即冬卵)经过一段时间的滞育期后,在室内获得或恢复适当的有繁殖条件后,也可获得溞种。

枝角类在水温16～18℃时才大量出现并迅速繁殖,培养时水温以18～28℃时为宜。大多数枝角类在pH值6.5～8.5均可生活,最适pH值7.5～8.0。枝角类对环境溶氧变化有较大的适应性,在培养时,池水溶氧饱和度以80%～120%最为适宜,有机耗氧量控制在20毫克/升左右。枝角类对钙的适应性较强,但过量镁离子(Mg^{2+})(大于毫克/升)对其生殖有抑制作用。人工培养的溞类均为滤食性种类，其食物主要是单细胞藻类、酵母、细菌及腐屑等。

2. 培养方法

枝角类的培养方法及过程主要有以下几点：

(1)休眠卵的采集、分离、保存与孵化

枝角类的休眠卵大多沉于水底。据报道，鸟喙尖头溞的休眠卵在海底从表层到2厘米深的海泥处，分布数量占总数量的60%～100%，而6厘米以外的海泥中未确认有休眠卵存在。因此，采集休眠卵，应从底泥表层到5～6厘米深处采集。方法是用采泥器采集底泥，将采集的底泥用0.1毫米的筛绢过滤，滤除泥沙等大颗粒、杂质，然后放入饱和食盐水中，休眠卵即浮到表层，将其捞出即可。这样分离的休眠卵，可能混有底栖硅藻，给以后的计数操作带来麻烦。为了解决这一问题，可以用蔗糖代替盐水处理。方法是用0.1毫米筛绢过滤后的休眠卵放入50%蔗糖溶液中，用转速每分钟3000转的离心机转5分钟，卵即浮到溶液表层。这样分离的休眠卵，不仅干净(底栖硅藻全部沉降)，而且回收率高。一次分离回收率即可达90%，两次分离即可全部回收。

休眠卵的保存温度与孵化率有很大关系。保存温度越高，孵化率越低。实验还表明，在底泥中保存的休眠卵比在海水中保存的休眠卵孵化率高。此外，还可以用干燥、冷藏、冷冻的方法保存枝角类的休眠卵。

枝角类休眠卵的孵化受生态环境因子的影响，盐度是影响孵化率的重要因子。不同的枝角类，即使同是海水种，其休眠卵孵化对盐度的要求也不同。据对鸟喙尖头溞的实验，盐度为25.5‰孵化率最高。僧帽溞属和圆囊溞属的休眠卵在盐度为19.2‰时孵化率最高。水温对枝角类休眠卵的孵化率也有很大影响。鸟喙尖头溞的休眠卵在18℃时孵化率最高。僧帽溞属和圆囊溞属的休眠卵孵化率最高的水温为15℃。光照强度对休眠卵的孵化率也有一定影响。枝角类孵化率最高的光照强度一般在1000～2000Lx。在最适生态环境中孵化，休眠卵在3～5天内开始孵化，在3周内几乎全部孵化。

(2)室内培养

枝角类的室内培养主要有以下几种方法：

一是绿藻或酵母培养：培养容器主要是烧杯、塑料桶及玻璃缸。利用绿藻培养时，可在装有清水的容器中，注入培养好的绿藻，使水由清淡变为淡绿色时，即可引种。利用绿藻培养枝角类效果较好，但水中藻类密度不宜过高，一般小球藻密度控制在200万个/毫升左右，而栅藻控制在45万个/毫升左右即可满足需要，密度过高，反而不利于枝角类摄食。利用酵母培养枝角类时，应保证酵母质量，投喂量以当天吃完为宜，酵母过量极易腐败水质。此外，酵母培养的枝角类，其营养成分缺乏不饱和脂肪酸，应在捞取枝角类投喂鱼、虾、蟹幼体前，最好用绿藻进行第二次强化培育，以弥补全用酵母培养的缺点，确保饵料质量和营养全面。

二是肥土培养法：一般家庭养殖金鱼时即用此法进行培养，培养器具主要有鱼盆、花盆及玻璃缸。如果用直径为85厘米的养鱼盆，先在盆底铺一层厚约6～7厘米的肥土，注入自来水约八成满，再把培养盆放在温度适宜且有光照的地方，使细菌、藻类大量滋生繁殖，然后引入枝角类2～3克作为种源，经数日即可繁殖后代，其产量视水温和营养条件而有高有低，当水温为16～19℃时，经5～6天即可捞取枝角类10～15克；当水温低于15℃时，繁殖极慢。培养过程中，培养液肥力下降时，可用豆浆、淘米水、尿肥等进行适时追肥。

三是粪肥加稻草培养法：用玻璃缸、鱼盆等作为培养器皿，在室内进行培养，这样受天气变化的影响较小，培养条件易控制。培养时，先将清水注入培养缸内，然后按每升水加牛粪15克、稻草及其他无毒植物茎叶2克、肥沃土壤20克的比例加入培养缸内，粪土可以直接加入，稻草则需先切碎，加水煮沸，再冷却后放入。肥料加入后，用棒搅拌均匀，静置两天后即可引种，每升水接种枝角类10～20个，以后每隔5～6天施追肥1次，追肥比例同上，宜先用水浸泡，然后取其肥液追施，继续培养，数天后枝角类就开始繁殖，随取随用，效果较好。

四是老水培养法：也用玻璃缸、鱼盆等作为培养器皿。取用金鱼池子里换出来的老水，取上面澄清液作为培养液，因为这种水体中含有多种藻类，都是枝角类的良好食料，所以培育效果很好，但水中的藻类也不能太多，多了反而不利于枝角类的取食。

(3)室外培养

一是堆肥培养法：以混合堆肥为主，土池或水泥池都可以，面积大小视需要量而定，一般大于10平方米，池子的深度要达1米左右，注水70～80厘米，加入预先用青草、人畜粪堆积并充分发酵的腐熟肥料，按每亩水面500千克的数量施肥，并加生石灰70千克，有利于菌类和单细胞藻类大量滋生繁殖。7～10天后，每立方米水体接种枝角类20～40克作为种源，接种后每隔2～3天便追肥1次，经5～10天培养，待见到大量鱼虫繁殖起来，即可捕捞。捞取枝角类成虫后应及时加注新水，同时再追肥1次，如此便可继续培养、陆续捕捞。只要水中溶氧充足，pH 5～8，有机耗氧量在20毫克/升左右，水温适宜时，枝角类的繁殖很快，产量也很高。

二是粪肥培养法：以粪肥为主的培养方法，既可以用土池，也可以用水泥池进行培养，池子的大小，以10～30平方米为宜，水深1米，先往池中注入约有50厘米深的水，然后施肥，一般每立方米水体投粪肥(人畜粪均可)1500克、肥沃土壤1500～2000克作为基肥，以后每隔7～8天追肥1次，每次施粪肥750克。加沃土的目的是因为它有调节肥力和补充微量元素的作用。

若用土池培养时，施肥量则应相对增加，每立方米水体可施粪肥4000克，稻草1500克(麦秆或其他无毒植物茎叶均可)作基肥。

施肥后应捞去水面渣屑，将池水暴晒2～3天后，就可接种，每立方米水体可接种30～50克枝角类为宜，接种7～10天后，枝角类大量繁殖。通常根据水色酌情施加追肥，若池中水色过清，则要多施追肥；水色为深褐色或黑褐色时，应少追肥或不追肥，一般池水以保持黄褐色为宜。

三是无机混合肥培养法：主要是用酵母和无机肥混合培养，适用于水泥池和土池，面积可大可小，施肥量以每立方米水体施放酵母20克(先在桶内泡约3～4个小时)、硫酸铵[$(NH_4)_2SO_4$]37.5克作为基肥。以后每隔5天施追肥一次，酵母和无机肥数量各减半施加。施基肥后，将池水暴晒2～3天，捞去水面漂浮物(污物)，然后引种。引种数量以每立方米水体30～50克为宜，引种后及时追肥。经7～10天后，枝角类大量繁殖时即可捞取，每隔1～2天，可捞取10%～20%。当捞过数次以后，如果池中枝角类数量不多时，就及时添水加追肥，继续培养。

(4)工厂化培养

主要培养枝角类的种类为繁殖快、适应性强的多刺裸腹溞，这在国外育苗工艺中最为常见。该溞也是我国各地的常见品种，以酵母、单细胞绿藻进行培养时，均可获得较高产量。在室内工厂化培养时，采用培养槽或生产鱼苗用的孵化槽均可。培养槽从几吨到几十吨不一而足，用塑料槽，也可用水泥槽，一般规格为3米×5米×1米。槽内应配备良好的通气、控温及水交换装置，为防止其他敌害生物繁殖，可利用多刺裸腹溞耐盐性强的特点，使用粗盐将槽内培养用水的盐度调节至1%～2%，其他生态条件控制在最适范围之内，即水温在T＝22～28℃，pH值8～10，溶氧量D·O≥5毫克/升，枝角类接种量为每吨水接种500～1000个左右。如果用面包酵母作为饵料，应将冷藏的酵母用温水溶化，配成10%～20%的溶液后向培养槽内泼洒，每天投饵1～3次，投饵量约为枝角类湿重的50%，一般在24小时内吃完为适宜。如果用酵母和小球藻(或扁胞藻)混合投喂,则可适当减少酵母的投喂量。接种两星期后,槽内枝角类数量便达高峰,出现群体在水面卷起漩涡的现象,此时可每天采收。如果生产顺利,采收时间可持续 20～30 天左右。

3. 培养管理

枝角类在培养过程中,一定要加强对它的培养管理,才能取得更好的效果,这些管理措施包括以下几个方面,不可掉以轻心。

一是充气:枝角类培养过程中,微量充气或不充气。但种群密度大时,必须充气。

二是调节水质:培养枝角类水体的水质指标,主要有溶解氧量、生物耗氧量、氨氮量、酸碱度等。溶解氧过高或过低都会影响生长,有机物耗氧量在 38.35～55.43 毫克(O_2)/升范围,最适宜于大型溞的大量培养。大型溞喜欢碱性水体,在 pH 值 8.7～9 范围内最为适宜,在 pH 值 6 时亦不致阻碍其生长繁殖,在低 pH 值的水环境中,枝角类往往会产生有性生殖。水质的调节可以加入新水或控制施肥量来达到。

三是控制密度:培养枝角类的种群密度,不宜太大,否则生殖率降低,死亡率增高。但是,种群密度太小也同样不利于枝角类的生长。枝角类只有在适宜的种群密度时,生长量和生殖量才能达到最高限。

控制枝角类的种群密度,一方面必须提供适宜的培养生态条件,另一方面对种群密度进行调整,如种群密度过小时,可增加接种量或浓缩培养水体;如种群密度过大时,可扩大培养水体或采用换水的办法稀释水体中的有毒物质。

四是适时追肥:培养水体中需要定期追施肥料,以保持枝角类饵料的数量。追肥量可以在施肥的基础上减半,另外要根据枝角类的数量来调节。

四、摇蚊幼虫的培养

摇蚊幼虫的形态与普通蚊子相似，但翅无鳞片，足也较大，静止时前足一般向前伸长，并不停地摇动，故名摇蚊，是泥鳅养殖中最受欢迎的饵料之一，是泥鳅仔鱼、稚鱼、幼鱼期内均喜食底栖性的动物性饵料。

1. 简易养殖

自然采捕摇蚊幼虫，生产力低，消耗人工多，筛选复杂，供不应求，很难形成规模生产，经济效益也较差。因此，渔民开始转向人工养殖，采取造田育虫。造田的步骤为：干田、晒田、石灰、堆肥、灌水、放虫种。摇蚊幼虫的成虫是"蚊虫"，不吃东西，但幼虫则要从水中及软泥中吸收营养，如果在繁殖的水田放进充足的有机肥料，最有效的有机肥为鸡粪，用鸡粪培养出来的摇蚊幼虫特别鲜红幼嫩、生命力强。

一般水深 20～30 厘米就够，每亩每月平均收成量为 200 千克。用 60 亩水田生产作为一个单元，每天供应不少于 150～300 千克。

2. 人工精养

(1)人工采卵

用专用的人工采卵箱完成，人工采卵箱的大小、摇蚊的生物密度与性比例、适宜的温度、湿度、照明和成虫的饵料等都是在人工采卵时必须考虑的条件。

a. 采卵箱　采卵箱的大小为 1 米×1 米×2 米的 4～5 厘米的方杉木做箱架，外面挂有防蚊用的昆虫网，其上覆盖透明塑料布，以便保持箱内的湿度和从外面进行观察。

b. 摇蚊的个体密度与性比例　采集摇蚊成虫或幼虫置入采卵箱，其个体密度是影响受精率的主要因素之一，在密度 2000 个/立方米以上，可获 80%以上的受精率，随着密度的增加，受精率也增加，当 4000 个/立方米时，受精率达到 90%。性比是生物学的重要条件之一，摇蚊雌雄同数量，或雄性稍多于雌性是最适条件。所以在采卵过程中要补充雄性个体。

c. 温度　温度最适范围为 23～25℃，当 T＜20℃或 T＞28℃时，受精率骤降。这时可以通过人工加温来解决，一般是在采卵箱内放置两个 40W 的灯泡散热，并用定温继电器控制。

d. 湿度　湿度对交尾是必要的条件，湿度 90%以上可得到 80%～85%的受精率，湿度＜80%，受精率下降至 20%以下。调节湿度可由采卵箱中的喷水器控制，并由箱外塑料布防止蒸发。

e. 照明　科研结果表明，间歇照明的最佳条件是在 24 小时中，4 次断续照明，每次关灯 30 分钟，每次为 5.5 小时的间歇照明，此时的受精率都在 80%以上在照明时开始产卵，照明 2 小时内产出的卵数为总产卵数的 60%。

f. 饵料　饵料置于采卵箱中的面盆或喷洒在悬挂于采卵箱中的布幕。成虫饵料为 2%的蔗糖、2%的蜂蜜或两者混合液，都能获得较高受精率。

用以上采卵箱的条件，受精卵块持续的天数为 12～15 天，1 天最高能得到 400～750 个卵块(平均 100～120 个)。假设 1 个卵块中的卵粒数平均为 500 个，则每天能采 10 万个个体，2 周后可得到 140 万个个体，约合 7 千克幼虫。

(2)培养基

a. 琼脂培养基　将琼脂溶解于热水中，配成 0.8%的琼脂溶液，冷却至 50℃以后再加入牛奶。根据牛奶的添加量，增减添加的蒸馏水，使琼脂浓度最后调整为 0.75%，然后将培养基溶液 25 毫升倒入直径为 90 毫米的玻璃皿中冷却，使琼脂凝固，在上面加 10 毫升蒸馏水。

b. 黏土-牛奶培养基　取烧瓦用的黏土一定量，加入 10 倍重的蒸馏水，在大型研钵中研碎，使之成为分散的胶体状，除去砂质后，用每平方厘米 1.2 千克的高压灭菌器灭菌 30 分钟，冷却之后取一定量，加入牛奶，迅速开始凝集，黏土粒子和牛奶一起形成块状的沉淀，即可当幼虫的培养基。

c. 黏土一植物叶培养基　取杂草或桑叶或海产的大叶藻加适量海砂和水把植物叶子在研钵中磨碎，用 50 目筛绢网过滤挤出植物碎液，静置后取出植物碎液中的细砂。然后在黏土溶液加入适量氯化钙，再加入植物碎液，就和牛奶一样发生凝集，直至上澄液不着色、不混浊时，等待 10～20 分钟后倾去上澄液，加入蒸馏水进行振荡，再静置 10～20 分钟后，除去上澄液，如此反复 2～3 次之后，将沉淀部分适当稀释便可供作培养基。

d. 下水沟泥培养基　从下水沟或养鱼塘采集鲜泥土，去掉其中的大块垃圾，加入等量的自来水搅拌，静置 30 分钟后倒掉上澄液，这样反复进行 1～2 次，除去下水沟泥的悬浮物。用高压锅高压灭菌 30 分钟，冷却之后倾去上澄液，加入适量蒸馏水即可当培养基。

（3）培养方法

a. 接种　用人工采卵和人工培养基饲育的摇蚊幼虫，经 60 目筛网选出体长 3～4 毫米的幼虫于盆中，1～2 天加入蒸馏水，再移入筛网用蒸馏水冲洗干净之后，把水分沥干，将幼虫接种在培养基上。

b. 静水培养法　上述 4 种培养基的共同特点是两相培养基，即培养基底是固体物质的黏土、牛奶、植物碎叶或下水沟泥的沉淀物，培养基的上部是水基蒸馏水。用直径 90 毫米的培养皿盛装培养基时，把大于 3 毫米的摇蚊幼虫接种于器皿中培养，这就是静水培养。这种静水培养可一直培养到蛹化前即可采收，它具有操作容易的优点，但是这种培养法由于得不到充足的氧气保证，培养基容易变质，产量远不如流水培养法。

c. 流水培养法　用 33 厘米×37 厘米×7 厘米的塑料容器或

直径为45厘米的圆盆，在其底部放入厚度为10毫米的沙层，再在上面铺上黏土-牛奶培养基，每3天添加1次，从一端注入微流水，另一端排出，再用孵化后24小时的幼虫进行流水培养。流水可以起到排污和增加氧气的目的，培养结果比静水培养的好。

d.体长小于3毫米的幼虫培养　体长小于3毫米的幼虫的口器发育尚未完成，对各种外界环境的抵抗力弱，更不可能抵抗0.1米/秒的流水速度，因此需要用另一种培养方法。这种方法是：在500毫升的三角烧瓶中，注入半瓶水，加进50毫升的培养基，将要孵化的卵块加进烧瓶里，用气泡石通气，约每分钟通入800～1000立方厘米的气体，温度以23～25℃为宜，这种条件下，卵块会顺利孵化，4天后体长可以达到3毫米，然后转入流水培养中继续培养。

3. 环境条件对培养产量的影响

(1)温度　生长最适的温度是20～25℃，其中20℃是生长最快的温度。

(2)pH　pH为7～8时，生长最好，收获率和生产量最佳。

(3)溶解氧　溶解氧>4毫升/升时，溶解氧含量越高，越能促进生长。

(4)饵料　在琼脂-牛奶培养基中发现，当个体密度一定时，培养的生产量与牛奶的添加量呈正相关。

五、蚯蚓的培育

蚯蚓又称地龙、蛐鳝，隶属于环节动物门、寡毛纲、后孔寡毛目，是一种在陆地上生活的无脊椎动物，也是一种富含蛋白质的高级动物性饲料，是目前解决特种水产品养殖所需蛋白质饲料的一条有效途径，从营养价值看，蚯蚓代替进口鱼粉是完全有可能的。在养殖泥鳅的饲料中掺入鲜蚯蚓(一般掺入量为5%左右为宜)，其体液被配合饲料吸收，可提高饲料的适口性及饲料效率。用蚯蚓喂养泥鳅，泥鳅的产卵率高、成活率高、发病率低、生长速度快、肉质好。

1. 蚯蚓饲养场所的选择

蚯蚓喜温、喜湿、喜安静，怕光、怕震动、怕盐、怕高温严寒，属于腐食性动物，喜欢栖息在温暖、潮湿、通风、富含大量有机质的土壤里，难以在一般耕地、红壤中见到。适宜温度为 5～35℃，最适温度在 18～25℃左右，32℃以上停止生长，35℃以上聚集成团，最终窒息而死亡，10℃以下活动迟钝，5℃以下处于休眠状态。蚓床基料适宜水分含量为 30％～50％。蚯蚓生长繁殖的环境中，以中性、弱酸或微碱性为宜，最适 pH＝7.4～7.6。因此，蚯蚓的饲养场所应选择在排水方便、通风性能好、遮荫避雨、避免阳光直射、温度较低、湿度适宜、环境安静、无煤烟和无农药污染的地方，同时应防止鼠、蛇、蛙、蚂蚁等天敌危害。

蚯蚓的饲养场所分室内和室外两种，饲养方法可分为土法养殖和工厂化养殖两种。目前土法养殖是利用缸、盆、箱、筐、土坑、饲料地、桑园等处直接散养；工厂化养殖有棚式、水泥池养殖几种，室内工厂化养殖适宜养殖赤子爱胜蚓，室温控制在 15℃以上时，可全年连续生产。

2. 室外饲养

一是利用青饲料地、果园、桑园饲养：这种场所土壤松软，土质较肥，有利于蚯蚓取食和活动。在行距间开挖浅沟并投入蚯蚓培育饲料，然后将蚯蚓放入，便于蚯蚓穴居。每平方米投放大平二号蚯蚓 2000 条左右。在菜畦上放养蚯蚓，盛夏季节蔬菜新鲜茂盛，叶宽茎大，其宽大叶面可为蚯蚓遮荫避雨，有效地防止阳光直射和水分过度蒸发，平时蚯蚓可食枯黄落叶，遇到大雨冲击时可爬入根部避雨。桑园、果园饲养与菜畦相似，但需经常注意浇水，防止蚯蚓体表干燥，同时也要防止蚯蚓成群逃跑。这种饲养方法成本低、效果显著，便于推广。

二是利用杂地饲养：利用庭院空地、岸边、河沟的隙地及其他荒芜杂地，四周挖好排水沟，将杂地翻成1米宽左右的田块，定点放置发酵后的腐熟饵料，放入蚓种饲养，在较长时间内可以保证自繁自养。夏季搭凉棚或用草帘带水覆盖，防止泥土水分过度蒸发干硬，亦可种植丝瓜、扁豆等藤叶茂盛的蔬菜，为蚯蚓遮荫避雨，同时注意定期及时喷水保湿和补充饵料。

三是利用大田平地培养：大田平地培养法的特点是培养面积大，可就近利用杂草、落叶、农家肥料等，还可充分利用潮湿、天然隐蔽等有利条件。这种培养法多结合作物栽培在预留行内同时进行。栽培多年生植物比一年生植物的效果好，在叶面繁茂和水、肥条件较好的农田中养殖效果更好。

一般可在种植棉花、玉米、小麦和大豆等农田中进行，培养地要选择在排水性能好、能防冻、无农药污染的地方。培养方法可在田边或农作物预留行间，开挖宽和深均为20厘米的沟，放入基料(厚15～20厘米)和蚯蚓种，上面覆盖土或稻草。保持基料和土壤湿度50%左右，做到上面的料用手挤压时，手指缝间有水滴，底层有积水1～2厘米即可，夏天早、晚各浇水1次；冬天3～5天浇水1次，在培养过程中还要投喂饵料，饵料用经过腐熟分解后的有机质为好，要具有细、熟、烂而易消化的优点。饵料的制作方法：用杂草、树叶、塘泥搅和堆制发酵；也可用猪粪、牛粪堆制发酵，冬天上面要盖塑料薄膜或垃圾、杂草，帮助催化，15～20天即可使用。加喂料厚15～20厘米，20天左右加料1次，1～2天后蚯蚓就会进入新鲜饵料中，与卵自动分开，陈饵中的大量卵茧，可另行孵化，也可任其自然孵化。

基料和饵料都要考虑到天热用薄料、天冷用厚料，通气要良好，薄料中要加入适量木屑和杂草，增进通气，厚料可用木棍自上而下戳洞，改善供氧并排出料中废气。

3. 室内饲养

室内饲养具有占地面积少、管理方便简单、蚯蚓产量高等优点，是目前主要的饲养方法，根据饲养方式及饲养规模，大体可分为多层式箱养、盆养、工厂化养殖等多种。

一是多层式箱养：这是为充分利用立体空间而推行的一种饲养方式，在室内架设多层床架，在床架上放置木箱。木箱像养殖密蜂的蜂箱一样，规格一般为 40 厘米×20 厘米×30 厘米或 60 厘米×30 厘米×30 厘米或 60 厘米×40 厘米×30 厘米，箱底和侧面要有排水孔，孔的直径为 1 厘米左右，排水孔除作为排水和通气以外，还可散热，借以防止箱中由于饲料发酵而使温度升高得过快过高，引起蚯蚓窒息死亡。内部可以再分 3～5 格，每格间铺设 4～5 厘米厚的饲料来饲养蚯蚓，每立方米可放“日本大平二号蚯蚓”2500 条左右，在两行床架之间架设人行走道，室内保证温度在 20℃左右最适宜，湿度保持在 75%左右，可以常年生产，但注意防止鼠患及蚂蚁的危害。

二是盆养：可用陶缸、瓦盆、木盆、花盆等进行养殖，适用于家庭饲养蚯蚓，通常是钓鱼爱好者为了解决鱼饵而专门饲养的，缺点是盆体较小，投放量较小，形不成规模。

三是池槽培养：用于饲养蚯蚓的饲养槽，一般用砖石砌成长方形，大小因地制宜，饲养槽上面要搭简易棚顶，目的是保持温度湿度。池槽可以批量生产蚯蚓，而且产量比较高，饲养比较方便，通常每平方米放幼蚯蚓 1500 条左右，平时注水浇水防敌害。

四是工厂化养殖法：主要是用于赤子爱胜蚓和太湖红蚯蚓的大规模养殖，特点是产量高、综合效益高，是目前大量生产蚯蚓的主要做法。工厂化养殖应修建饵料场、养殖车间、养殖床等基础设施。

4. 放养密度

在适宜的条件下，青蚯蚓个体大，饲养密度以每平方米 1500

条左右为宜；赤子爱胜蚓主要是“日本大平二号蚯蚓”以每平米2000～3000条为宜。就整个蚯蚓群体而言，若投放种蚓时，每平方米可投放2000～4000条；种蚓产卵孵化出的幼蚓为繁殖蚓时，每平方米投放量为5000～8000条；而以繁殖蚓产卵孵化的种蚓为生产蚓时，每平方米可放养2万～3.5万条。

5. 投饵方法

蚯蚓饲料的投放可采用上投法、下投法和侧投法。根据经验，通常采用侧投法为佳，即把新饲料投放在旧饲料的侧面，让成蚓自动进入新饲料堆中采食、栖息，而幼蚓进入新饲料堆中速度较慢，数量较少，这样有利于成蚓、幼蚓、蚓茧的分离，避免三代同堂，有利于蚯蚓的繁殖及分离。

(1)上投法：此法比较适用于补料。当蚯蚓生长活动几天后，观察到料床表层已粪化时，即将新饵料撒在原饵料上面，约5～10厘米厚，新饵料层活动并采食，经数次补料后即形成饵料床。

上投法优点是便于观察饵料粪化情况，投饵方便，清除粪便方便，缺点是新料中的水分渗入原料层内，造成底部水分过大，湿度也较大，而且数次投料后会导致蚯蚓埋于深处，不利于蚯蚓的及时增殖，改进的方法是：定期翻动饵料床并清除出蚯蚓粪便。

(2)下投法：此法是将新料铺入养殖床内部，用此法补料，将原饵料从饵料床移开，将新饵料铺设在原来的床位内，再将原饵料(连同蚯蚓、蚓茧)一起铺设在新料上。保留一个新床位，在补料时，采用一翻一的作业方法逐个翻床投喂。此法优点是原饵料在上部，有利于蚓茧及时孵化，促进蚯蚓增殖，缺点是新饵料在下部特别是底部采食不均匀，造成饵料浪费。

(3)侧投法：此法适用于将蚯蚓种引诱出，使成蚓、茧和幼体分开，养成与孵化分开进行，当原饵料床内已存在大量蚓茧和幼小蚯蚓时或原饵料床已堆积成一定高度且大部分已经粪化时，可做侧投法将蚯蚓诱出。目前生产主要用侧投法进行投饲。

6. 投饵量

蚯蚓的养殖周期，以4个月为一期，一天的投饵量通常相当于它自身的体重。一条成蚯蚓的体重一般为0.4克，若约一万条蚯蚓，则一天可投喂约4千克的饵料，随着蚯蚓不断繁殖增长，摄食量随之加大，投饵也相应增多，同时应及时分床，以保证养殖密度合理，促进蚯蚓快速增殖。

投饵时间：一般蚯蚓投喂可采用隔天投喂1次或数天投喂1次，若每天投喂时，投饵总量应等于蚯蚓体重的总重量的100%～120%，隔天投喂时，投饵总量应是每天投饵量的2倍，数天投喂时，则累计即可。

7. 蚯蚓的采集

当蚯蚓养殖密度达一定规模，个体长到成蚓大小时，必须及时地采集，实践证明，合理采集蚯蚓可使全年蚯蚓产量有较大幅度的提高。采集的原则是抓大留小、合理密度，即将密度较高、多数已性成熟的蚯蚓采集出来，采集后保持合理的养殖密度才能提高繁殖力和繁殖水平，采集方法主要有：

(1)手抓(可套上塑料手套)或用定制铁质扁刺小钉耙，将多数蚯蚓已达性成熟的蚓床表层铲出来后放在薄膜上，堆高50～60厘米后，用耙多翻动几次，蚯蚓一受到外界机械刺激就一直向下部移动直至薄膜处，将表层蚓粪及饵料(含有卵茧)逐渐取出，搬回再撒布在蚓床上，最后将塑料薄膜上的蚯蚓收集即可投喂或进一步加工。

(2)雨后采集：夏秋季气温较高，也是蚯蚓生长迅速、发育最快的季节，此时要增加采集的次数，确保全年蚓产量。雨后采集一般指在露天野外养殖的情况下实行的，通常在雨后的第二天早晨，把蚓床表层密集的蚯蚓及饵料采集到室内或塑料薄膜上进一步采集。

(3)若为了游钓或驯饵需要少量蚯蚓时，可用手轻轻扒开蚓床

20～25 厘米处，即可看到大量蚯蚓。

六、水蚯蚓的培养

水蚯蚓隶属环节动物门、寡毛纲、近孔寡毛目、颤蚓科、水蚯蚓属，是最常见的底栖动物，也是淡水底栖动物群的重要组成部分，它们象蚯蚓一样，把淤泥吞食而又排出，有利于改变水底环境，同时，他们更是蚯蚓的优质天然饵料。

1. 水蚯蚓的野外捕捞与保存

天然水域中的水蚯蚓的聚集有季节性变化，但不太明显。捞取水蚯蚓时，要带泥团一起挖回，装满桶后，盖紧桶盖，几小时后，需要取水蚯蚓时，打开桶盖，可见水蚯蚓浮集于泥浆表面。捞取的水蚯蚓要用清水洗净后才能喂养鱼类。取出的水蚯蚓在保存期间，需每日换水 2～3 次，在春冬秋三季均可存活 1 周左右。保存期间若发现虫体变浅且相互分离不成团时，蠕动又显著减弱，即表示水中缺氧，虫体体质减弱，有很快死亡腐烂的危险，应立即换水抢救。在炎热的夏季，保存水蚯蚓的浅水器皿应放在自来水龙头下用小股细流水不断冲洗，才能保存较长时间。

2. 水蚯蚓的人工培育

水蚯蚓用于人工培育的种类主要有霍氏水丝蚓，其个体长5～6 厘米，也有 10 厘米或更长的，其群体产量较高。它们喜生活在带泥的微流水水域，一般潜伏在水底有机质丰富的淤泥下 10～25 厘米处，低温时深埋泥中，喜暗，不能在阳光下暴晒。刚孵出的幼蚓体长为 0.6 厘米，2 个月左右性成熟。人工养殖的水蚯蚓，其寿命约为 3 个月，体长 50～60 毫米。

水蚯蚓具有较高的营养价值，干物质中蛋白质含量高达 70%以上，粗蛋白中氨基酸齐全，含量丰富，是鲤鱼、鲫鱼、黄鳝、泥鳅、塘虱鱼、金鱼、热带观赏鱼等鱼类的珍贵活饵料。水蚯蚓天然资源丰富，在污水沟、排污口以及码头附近数量特别多，人工培育水蚯蚓方法简便易行，现简要介绍其培养方法：

(1)建池

首先要选择一个适合水蚯蚓生活习性的生态环境来挖坑建池，要求水源良好，最好有微流水，土质疏松、腐殖质丰富的避光处，面积视培养规模而定，一般以3～5平方米为宜，最好是长3～5米，宽1米，水深20～25厘米，两边堤高25厘米，两端堤高20厘米。池底要求保水性能好或敷设三合土，池的一端设一排水口，另一端设一进水口。进水口设牢固的过滤网布，以防敌害进入，堤边种丝瓜等攀援植物遮阳。

(2)制备培养基料

制备良好优质的培养基，是培育水蚯蚓的关键，培养基的好坏取决于污泥的质量。选择有机腐殖质和有机碎屑丰富的污泥作为培养基料。培养基的厚度以10厘米为宜，同时每平方米施入7.5～10千克牛粪或猪粪作基底肥，在下种前每平方米再施入米糠、麦麸、面粉各1/3的发酵混合饲料150克。

(3)引种

每平方米引入水蚯蚓250～500克为宜，若肥源、混合饲料充足时，多投放种蚓，产量更高。一般引种后15～20天后即有大量幼蚯蚓密布土表，刚孵出的幼蚯蚓，长约6毫米左右，像淡红色的丝线，当见到水蚯蚓环节明显呈白色时即说明其达到性成熟。

(4)日常管理

培养基的水保持3～5厘米为佳，若水过深，则水底氧气稀薄，不利于微生物的活动，投喂的饲料和肥料不易分解转化，过浅时，尤其在夏季光照强，影响水蚯蚓的摄食和生长。水蚯蚓常喜群集于泥表层3～5厘米处，有时尾部露于培养基表面，受惊时尾鳃立即潜入泥中。水中缺氧时尾鳃伸出很宽，在水中不断搅动，严重缺氧时，水蚯蚓离开培养基聚集成团浮于水面或死亡。因此，培育池水应保持微细流水状态，缓慢流动，防止水源受污染，保持水质清新和丰富的溶氧。水蚯蚓适宜在 pH 值为 5.6～9 的环境中生长，因培养池常施肥投饵，pH 值时而偏高或偏低。水的流动，对调节 pH 值有利。水蚯蚓个体的大小与温度、pH 值的高低而适当变化，因此每天应测量气温与培养基的温度，每周测 1 次 pH 值。水蚯蚓生长的最佳水温是 10～25℃，溶氧不低于 2.5 毫克/升。进出水口应设牢固的过滤网布以防小杂鱼等敌害进入。但在投饵时应停止进水，每 3 天投喂 1 次饵料即可，每次投喂的量以每平方米 1.5 千克精饲料与 2 千克牛粪稀释均匀泼洒，投喂的饲料一定要经 16～20 天发酵腐熟处理后才可使用。因此水蚯蚓养殖成功的关键首先是水环境的好坏，其次是对药物的抵抗力及培养基的肥沃度。

(5)饵料投喂

用发酵过的麸皮、米糠作饲料，每隔 3～4 天投喂 1 次，投喂时，要将饲料充分稀释，均匀泼洒。投饲量要掌握好，过剩则水蚯蚓的栖息环境受污染，不足则生长慢，产量上不去。根据经验，精料以每平方米 60～100 克为宜。另外，间隔 1～2 个月增喂 1 次发酵的牛粪，投喂量为每平方米 2 千克。

(6)消除敌害

养殖期间，培养基表面常会覆盖青苔，这对水蚯蚓的生长极为不利，宜将其刮除。一般刮除 1 次即可大大降低青苔的光合作用而抑制其生长，连续刮 2～3 次即可消除，不能用硫酸铜治青苔，因为水蚯蚓对各种盐类的抵抗力很弱。另外要防止泥鳅、青蛙等敌害的侵入，一旦发现应及时捕捉，否则将会大量吞食水蚯蚓。

(7)采收

水蚯蚓繁殖力强，生长速度快，寿命约 80 天，在繁殖高峰期，每天繁殖量为水蚯蚓种的 1 倍多，在短时间可达相当大的密度，一般在下种后 15～20 天即有大量幼蚯蚓密布在培养基表面，幼蚓经过 1～2 个月就能长大为成蚓，因此要注意及时采收，否则常因水蚯蚓繁殖密度过大而导致死亡、自溶而减产。通常在引种30天左右即可采收。采收的方法是:在采收前的头1天晚上断水或减少水流,迫使培育池中翌日早晨或上午缺氧,此时水蚯蚓群集成团漂浮水面,就可用20～40目的聚乙烯网布做成的手抄网捞取,每次捞取量不宜过大,应保证一定量的蚓种,一般以捞完成团的水蚯蚓为止,日采收量以每平方米能达50～80克,合每亩30～50千克。

3. 用滤泥培养水蚯蚓

滤泥是生产蔗糖的下脚料,含有大量的酵母菌,滤泥的pH值为6.5～7.5;用它来培养水蚯蚓,效果很好。用滤泥培养水蚯蚓,方法简单,产量高,成本低。土池、水泥池或用塑料薄膜铺设的培养池均可采用,面积可大可小。

培养的方法是:先在池底铺上10厘米厚的软泥,整平后在泥土上施放0.2～0.5厘米厚的滤泥,再引入少量的水蚯蚓种,池面如果搭有瓜棚,水层保持在1～3厘米即可;在阳光直射的情况下,水深可加至20～40厘米,培养过程中每隔3～5天每平方米追施滤泥1～2.5千克,大面积培养可设置循环水路。

采收时把水蚯蚓带表层泥土一起捞取,置于桶中,加盖隔绝空气,待水蚯蚓在水表层集结成团时便可捞取,也可预先在培养池中撒上蚕豆一般大小的饭块,水蚯蚓会聚集在腐烂的饭块周围摄食,结成一个小蚯蚓团,采收十分方便。温度在20～32℃的季节中,每平方米每天可采收0.20克,冬季水蚯蚓钻泥越冬,只要保持泥土湿润即可保证其安全越冬。

七、蝇蛆的培育技术

蝇蛆是一种营养价值较高的动物,蝇蛆的营养价值、消化性、适口性都接近鱼粉。无论是直接投喂,或干燥打粉、制成颗粒饲料投喂均是泥鳅的优质饵料。

蝇蛆是苍蝇的幼虫,苍蝇繁殖力强,繁殖周期短,幼虫期生长快,适合于人工培育且方法简单,只要用较小的地方,就可在短期内繁殖并产生出大量的蝇蛆。培养蝇蛆成本低、见效快、产量高,是一种解决泥鳅饲料较好的途径,值得大力推广。

(一)人工室内培育蝇蛆

将引进优质蝇种,通过简便而科学的方法把它们控制起来,关在笼子里,集中交配、产卵,使蝇卵在其适宜的培养料上快速生长发育,直至长成蝇蛆,使之成为优质动物蛋白饲料的一个重要来源。

1. 设备要求

(1)室内要求:养蝇室大小应视养蝇数量的多少、养殖的规模而具体筹建。一般一间约30平方米的养蝇室,分三层饲养,可放置约60只蝇笼,饲养60万只家蝇,日产新鲜蛆30千克以上,育蛆室可与养蝇室大小相近,也可小一些,但是一定要有保温条件,确保常年均能培育蝇蛆。被遗弃的禽、畜养殖房、旧保管房,只要保温性能良好,门窗关闭严密,光照理想,均可作为蝇蛆繁育场所。

(2)蝇笼建置:用铁丝或木条做一长60厘米、宽40厘米、高30厘米的支架(可饲养1万只种蝇),外用细网布或细纱布或筛绢作网罩,其中一面留有12～15厘米的操作孔。为防止苍蝇飞出污染环境,可用纱布加接30厘米长的套。每个笼内配一个塑料杯,3～4个料盘,1个产卵缸。

(3)蝇蛆培养基盘:培养基盘一般以长50厘米、宽40厘米、高10厘米比较适宜,其大小应视蝇蛆数量而定。

(4)分离筛:选用10目/厘米的铁丝筛,用以分离蛹与蛆。

(5)支架:包括蝇笼支架和培养基盘支架若干个,用竹、木、铁结构均可,也可采用多层重叠式,合理利用主体空间,以减少培养层的面积。

2. 种蝇

我国已有自己培育成的良种家蝇—北京家蝇，是中国科学院动物研究所经过多年来精心培育、筛选而成的优良蝇种。北京家蝇具有明显的优点：繁殖力强、生长快、周期短。一只家蝇一生中可产卵1500粒，产卵量比其他各地家蝇的产卵量大1～1.5倍，蝇卵经8～10小时孵化成幼蛆，幼蛆经5～6天便成熟化蛹，蛹经3～4天又羽化成蝇，成蝇经4～5天产卵，12～15天即可完成一个世代交替(即一个生长期)。

3. 食料

"长嘴就要吃"，蝇蛆也是动物，它也要摄食，补充体内的能量与营养，别看它平时在厕所、垃圾里飞来飞去、钻进钻出的，那也是它的一种简易而丰富的食物来源而已，如果人工养殖，不可能长期捞取粪便供它摄食，因此必须人工配制蝇料：

①成蝇食料：蛆浆(将鲜蛆捣碎)55%，啤酒酵母5%，糖40%，加水混合均匀，搅拌成糊状；也可用全脂奶粉49%、糖49%，干酵母2%，加水混合均匀，搅拌成糊状即可。

②育蛆食料(即培养基)：蝇蛆的食源广泛，食料较多，可就地取料，进行多种配合：如人、畜、禽粪便拌入少量糠麸；泔水拌入玉米粉和少量米粉；花生饼或豆饼拌入泔水或牛粪；宰杀禽、畜、鱼的废水和废弃物拌入糠、麸、渣；豆腐渣加猪的屠宰下脚料；稀饭拌入酒糟或细糠。当然，蝇蛆最喜食发酵霉菌，因此，可以用麦麸加水拌匀，使其湿度维持在70%～80%，盛入培养盘，一般每只盘可容纳麦麸3.5千克，再将蝇卵粒埋入培养基内，任其自行孵化。

4. 蝇蛆培育

蝇笼建成后，可把快要羽化的种蝇蛹放入蝇笼内，同时放进水杯和食料盘，笼内温度应维持在24～30℃，湿度为50%～80%，每天上午9时左右，把蝇笼内的食料盘和水杯取出清洗干净，换上新鲜食料和水后再放入笼内。待发现雄雌苍蝇开始交尾后，放入产卵缸。每天取一次蝇卵移至蝇蛆培养基盘内(可与换食料同时进行)。盘内食料厚5～6厘米,湿度为55%～60%,每5千克食料中可放1千克蝇卵,食料温度以25～30℃为宜,随着蝇蛆的生长和基料的发酵,盘内温度逐渐上升,最后可达40℃以上,会引起蝇蛆死亡,因此需要适时降温;同时每隔十几个小时翻动培养基1次。天气干燥时,还要注意经常喷洒新水。蝇蛆培养室温度要控制在22～25℃左右,蝇卵经过4天左右的培养,即成为蝇蛆,此时,可将蝇蛆和培养基中的食料分离出来。

5. 鲜蛆的分离法

①强光照射分离法:由于蝇蛆具有较强的避光性,可采取强光直射,待蛆从表面向下移动到底层时,可层层剥去表面剩余的培养基,最后达到分离的目的。

②筛选分离法:一种是用力振动分离;另一种是利用蝇蛆的避光性,将蛆与培养基一起倒入筛内,用强光照射,蛆向下蠕动,逐渐掉入筛底,达到分离的目的。

③水分离法:将蛆和培养基一起倒入水缸中,经用力搅拌后,蛆将浮于水面,用筛子捞起,即可达到分离的目的。

(二)室外田畦培育蝇蛆

田畦培育蝇蛆方法简单,投资小,见效快,收益大,群众易接受,是一条解决养殖饲料的有效途径之一。

1. 培育蝇蛆的基础设施

田畦整改:选择背风、向阳、温暖、安静和地势较高的地块做田畦,畦的北边最好置避风屏障如篱笆等。畦一般长约3～4米、宽1～1.5米,修成4～5个为一组的东西向、完全相同的田畦,畦间埂宽15厘米,高20厘米,畦底要平坦,用前灌水3～6厘米,平整夯实后待用。

育蛆饵料:选择质量好的鸡粪、牛粪或猪粪少许和一定数量的酱油渣一起做底料(酱油渣成分一般含豆饼50%、麦麸30%、玉米面10%、盐分3%、水分5%左右),每日准备新鲜或腐败的屠宰下脚料少许做饵料或产卵场,数量以每平方米1～1.5千克为最好,也可使用少量的尿素和酵母。

2. 培育蝇蛆方法

配料:当气温稳定在23℃左右时,选择天气晴朗的上午,首先将湿的酱油渣和鸡粪按6∶1的比例混合均匀,配成蝇蛆的培养基料,如果发现基料较干时,要适当加水拌和,湿度以手抓起握成团并有水分溢出为准。

铺基料:原料配好后,均匀铺在准备好的田畦底面上,每平方米投放基料40～45千克,厚度以5.5～7.5厘米为宜,基料少或湿度大时可铺薄点,铺好后淋水,使其表面湿度保持含水分65%。

堆放诱料:基料铺好后,将含有70%水分的动物屠宰下脚料剁碎,均匀地堆放在田畦基料的表面上,引诱苍蝇觅食并产卵。

泼洒酵母液:用入畦基料量万分之一的酵母,用水溶解成溶液均匀泼洒全畦,随后将配好的育蛆基料盖上一层,厚度为1～2厘米,能刚好把卵或幼蛆诱料盖上,以确保蝇卵和幼蛆发育所需的湿度及营养。

淋水盖膜:铺好基料后及时淋水,使基料表面含水65%,然后盖上塑料薄膜,确保基料、诱料有比较稳定的温度、湿度,并注意保持通气良好及严防暴晒。

3. 育蛆的管理

调整诱蝇环境:诱蝇量的多少是培育蝇蛆产量的关键,所以田畦基料、诱料在当天10点前铺好后,首先要注意观察田畦的诱蝇量及影响诱蝇的因素,随时调整诱料的数量和质量,并增设避风和避强光的屏障,创造苍蝇前来觅食产卵的温度(25℃左右)及背风、温暖所需的环境条件。

调整基料、诱料的湿度:在阳光较强的情况下,基料、诱料的表面容易失去水分而干燥，甚至成膜，直接影响苍蝇的觅食、产卵和孵化。为了确保产量和孵化率，在铺畦后的1～3天里，一定要注意检查培养基料、诱料的湿度，保持基料含水60%～65%，诱料含水70%，不足时要随时淋水调节湿度，并注意注入水的水温差要小，以免突然降低温度影响蝇卵的孵化和蝇蛆的生长发育，雨天来临之前要用塑料薄膜盖好，雨后及时撤去，保持培养基料的最佳温度、湿度和氧气。经过3～4天的精心培育与管理，蝇卵将培育成蛆虫。

4. 蝇蛆的收获

在6月中旬后，一般气温都平均在23℃以上，是苍蝇活动、产卵、孵化、发育的适宜时期，若无特殊降温或大雨、暴雨的袭击，培养4天后每平方米能育成老熟的蝇蛆2千克左右。收获时要按照当时铺基料和撒诱料时的时间顺序进行，否则不是蝇蛆太小，就是蝇蛆过老爬出田畦或是钻到较松的泥土里化蛹。

蝇蛆收获时，首先碰到的是料蛆分离问题，具体方法是：蝇蛆培育在4～5天时，利用光线较强的阳光照射，使培育基料表面增温，逐渐干燥，蝇蛆在光照强、温度高、湿度逐渐减少的恶劣环境条件下，自动地由表面向田畦并趋向田畦培养基料底部方向蠕动，待基料干到一定程度时，用扫帚轻轻地扫1～3次，扫去田畦表层较干的培养基料，逐步使蝇蛆落到最底层而裸露出来，当约计蛆虫达到80%～90%时，收集到筛内，用筛子筛去混在蛆内的残渣、碎屑等物，集积于桶内便可作饲料（活饵投喂时应用3%～5%的食盐水消毒，若留作干喂时，用5%左右的石灰水杀死风干）投喂。

如果培养基料丰富，也可不过筛，直接消毒后投喂；蝇蛆少时，第一批蛆虫可以不收获或少收获，使之钻入较松软的田畦内自然蛹化成蝇，以解决种蝇问题，再进行下一轮的蝇蛆培育。

（三）土法培育蝇蛆

1. 引蝇育蛆法

夏季苍蝇繁殖力强，可选择室外或庭院的一块向阳地，挖成深0.5米、长1米、宽1米的小坑，用砖砌好，再用水泥抹平，用木板或水泥预制板作为上盖，并装上透光窗，用玻璃或塑料布封住窗户（透光窗），再在窗上开一个5厘米×15厘米的小口，池内放置烂鱼、臭肠或牲畜粪便，引诱苍蝇进入繁殖，但一定要注意让苍蝇只能进不能出，雨天应加盖，以免雨水影响蝇蛆的生长。蛆虫的饲料，最好采用新鲜粪便效果较佳。经半个月后，每池可产蛆虫6～10千克，不仅个体大，而且肥又胖嫩，捞出消毒后即可投喂。

2. 土堆育蛆法

将垃圾、酒糟、草皮、鸡毛等混合搅成糊状，堆成小土堆，用泥封好，待10天后，揭开封泥，即可见到大量的蛆虫在土堆中活动。

3. 豆腐渣育蛆法

将豆腐渣、洗碗水各25千克，放入缸内拌匀，盖上盖子，但要留一个供苍蝇进去的入口，沤3～5天后，缸内便繁殖出大量的蛆虫，把蛆虫捞出消毒、洗净后即可投喂各种名优动物。也可将豆腐渣发酵后，放入土坑，加些淘米水，搅拌均匀后封口，大约5～7天也可产生大量蝇蛆。

4. 牛粪育蛆法

把晾干粉碎的牛粪混合在米糠内，用污泥堆成小堆，盖上草帘，10天后，可长出大量小蛆，翻动土堆，轻轻取出蛆后，再把原料装好，隔10天后，又可产生大量蝇蛆，提供活饵料。

5. 黄豆育蛆

先从屠宰场购回3～4千克新鲜猪血，加入少量柠檬酸钠抗凝结，放入盛放水50千克的水缸中，再加少量野杂鱼搅匀，以提高诱种蝇能力。然后准备一条破麻袋覆盖缸口，用绳子扎紧，置于室外向阳处升高料温。种蝇可以从麻袋破口处进入缸内，经 7～10 天即有蛆虫长出。再将 0.5 千克黄豆用温水浸软，磨成豆浆倒入缸中以补充缸料，再经 4～5 天后，就可以用小抄网捕大蛆投喂水产品；小蛆虫仍然放回缸内继续培养，以后只要勤添豆浆，就可源源不断地收取蛆虫，冬季气温较低时，可加温繁育。

6. 水上培育

将长方形木箱固定于水上浮筏，木箱箱盖上嵌入两块可浮动的玻璃，作为装入粪便或鸡肠等的入口，在箱的两头各开一个 5 厘米×10 厘米的长方形小孔，将铁丝网钉在孔的内面，并各开一个整齐的水平方向切口，将切口的铁丝网推向内面形成一条缝，缝隙大小以能钻入苍蝇为度。箱的两壁靠近粪便处各开一个小口，嵌入弯曲的漏斗，漏斗的外口朝水面。在箱盖两块玻璃之间，嵌入一块可以抽出的木板，将木箱分割为二，加粪前先将箱顶一块玻璃遮光，然后将中间隔板拨起，由于蝇类有趋光性，即趋向光亮的一端，再将隔板按入箱内，在无蝇的一端加粪，用此法培育的蛆可爬入漏斗后即自动落入水中，比较省事省力。苍蝇只能进入箱内，不能飞出，合乎卫生要求。

八、灯光诱蛾

飞蛾类是黄鳝、泥鳅喜食的高级活饵料，波长为 0.33～0.4 微米的紫外光，对鱼类无害，但是对虫蛾而言，具有较强的趋向性。而黑光灯所发出的紫光和紫外光，一般波长为 0.36 微米，正是虫蛾最喜欢的光线波长。可利用这一特点，在黄鳝、泥鳅生长旺盛的夏、秋季节可用黑光灯大量诱集蛾虫，可使泥鳅产量增加 10%～15%以上，降低饲料成本 10%以上。另一方面诱杀了附近农田的害虫，有助于农业丰收。

1. 黑光灯的装配

(1)灯管的选择

试验表明,效果最好的是20W和40W的黑光灯,其次是40W和30W的紫外灯,最差的是40W的日光灯和普通电灯。因此应选择20W的黑光灯管。

(2)灯管的安装

选购20W的黑光灯管,装配上20W普通日光灯镇流器,灯架为木质或金属三角形结构。在镇流器托板下面、黑光灯管的两侧,再装配宽为20厘米、长与灯管相同的普通玻璃2～3片,玻璃间夹角为30°～40°。虫蛾扑向黑光灯碰撞在玻璃上,成语叫"飞蛾扑灯,自取灭亡",触昏后掉落水中,有利于鱼类摄食。接好电源(220V)开关,开灯后可以看到各种吃食性鱼类,都在争食落入水中的飞虫。

(3)固定拉线

在池塘一端离水面5米处的围堤内侧或外侧分别埋栽高15米的木桩或水泥柱,柱的左右分别拴两根铁丝,间隔50～60厘米,下面一根离水面20～25厘米,拉紧固定后,用来挂灯管。

(4)挂灯管

在两根铁丝的中心部位,固定安装好黑光灯,并使灯管直立仰空12°～15°角,以增加光照面,1～3亩的池塘一般要挂一组,5～10亩的池塘可分别在池塘的两对角安装两组,即可解决部分饵料。

2. 诱虫时间与效果

(1)诱虫时间

黑光灯诱虫从每年的5月份到10月初,共5个月时间。诱虫期内,除大风、雨天外,每天诱虫高峰期在晚上8～9时,此时诱虫量可占当夜诱虫总量的85%以上,午夜12点以后诱虫数量明显减少,为了节约用电,延长灯管使用期,深夜12点以后即可关灯。夏天白昼时间较长,以傍晚开灯最佳。根据测试,如果开灯第1个小时诱集的虫蛾数量总额定为100%的话,那么第2个小时内诱集的蛾虫总量则为138%,第3个小时内诱集的虫蛾总量则为173%。因此每天适时开灯1～2个小时效果最佳。

(2)诱虫种类

据报道,黑光灯所诱集的飞蛾种类较多,有16目79科700余种。蛾虫出现的时间有一定的差别,在7月份以前,多诱集到棉铃虫、地老虎、玉米螟、金龟子等,每组灯管每夜可诱集1.5～2千克,相当于4～6千克的精饲料;7月气温渐高,多诱集金龟子、蚊、蝇、蜢、蚋、蝗、蛾、蝉等,每夜可诱集3～4千克,相当于10～13千克的精料;从8月份开始,多诱集蟋蟀、蝼蛄、蚊、蝇、蛾等,每夜可诱集4～5千克,相当于15～20千克的精料。

(3)诱虫效果

据观察,一盏100W的黑光灯在一夜可以诱杀蛾虫数万只,这些虫子掉进池塘里,可直接喂鱼,提供大量的蛋白质丰富的动物性鲜活饵料,不仅减少人工投饵,而且鱼在争食昆虫时,游动急速,跳动频繁,可促进鱼类的新陈代谢,增强鱼类体质和抗逆性,减少疾病的发生,对鱼的生长发育有良好的促进作用,同时还能保护周围的农作物和森林资源。一支40W的黑光灯,开关及时,管理使用得当,每天开灯3小时,1个月耗电量为1.8度,全年共耗电量为7度左右,在整个养殖期间则可诱集各种蛾虫300千克以上,可增产鱼150千克左右。

3. 注意事项

(1)不宜吊挂灯管

黑光灯管不宜吊挂,否则会减少光照面而影响诱虫效果,比较合理的安装方法是在池塘离岸边5米处,使灯管直立仰空12°～15°夹角以增大紫光、紫外光的照射面,从而提高诱虫量。

(2)最好选用黑光灯诱蛾

实验证明,用白炽灯的诱集效果远不及黑光灯,原因有两个方面:一是白炽灯光线过强,部分虫蛾因受到强烈的灼热感,避而远之;二是白炽灯光的穿透能力差,不能吸收远处的虫蛾,而利用黑光灯诱虫,可以有准备地避免上述缺陷。

(3)最好安装双层黑光灯

这样做的目的更有利于吸引远处的蛾虫并容易使它们落入水中。如果用单层灯,灯管挂低了,远处虫蛾难以见到紫外灯光,因而不易被紫外光吸引过来,而挂高了,虽能吸引远处的虫蛾,但虫蛾不易落入水中,达不到捕蛾为饵的目的。

(4)改通宵开灯为傍晚定时开灯

因为鱼在摄食落入水中的虫蛾时要消耗大量的体能,而在吃不饱之前是不会停止抢食行为的,另一方面在傍晚的第一个小时内(即 8～9 点)所诱集的蛾虫数量最多,时间向后推移则诱虫量明显减少。因此如果连续通宵开灯,不但浪费了大量的财力、物力,而且鱼类连续抢食会消耗大量的体力,因此要放弃通宵开灯的做法,改为每晚傍晚 8～9 点定时开灯。

(5)防止漏电、触电

在黑光灯上应加一层防雨罩(也可用白铁皮或废旧铝锅盖特制),以防雨天漏电伤人。

(6)注意“四不开”

即大风之夜虫蝗数量少可不开灯;圆月之夜黑光灯散出的紫外光和紫光的光点、光线比较微弱,可以不开灯;午夜 10 点以后蛾虫诱集的数量逐渐减少,而且蛾虫大都也停止活动,可以不开灯;雨夜,蛾虫的羽翼易受雨淋,很少活动,雨水又易引起灯管爆炸或电线接头短路,故此时也不宜开灯。

第四节 泥鳅饵料的投喂技巧

“长嘴就要吃”，泥鳅也不例外，但是如何吃才是最好的，才能吃出最佳成效，这就是饵料的投喂技巧。为了使泥鳅吃饱吃好，生长迅速，饲料系数低，在泥鳅的投喂过程中一定要牢记“四定四看”的原则。

一、四定投喂技巧

池塘饲养泥鳅，鳅苗在下塘后两天内不投饲料，等鳅苗适应池塘环境后再投饲料。

1. 定时

待池塘中的泥鳅集群到食台上摄食后，在天气正常的情况下，每天投喂饲料的时间应相对地固定，从而使泥鳅养成按时来摄食的习惯。一般日投喂 2 次，上午 8～9 时投喂 1 次；下午 14～15 时投喂 1 次；在泥鳅生长的高峰季节，晚上 19～20 时左右还应投喂第 3 次。

2. 定量

每天投喂的饲料量一定要做到均衡适量，防止过多或过少，以免饥饿失常，影响消化和生长，要按水温的高低以及池塘中泥鳅的摄食情况灵活掌握。当池塘水温高于 30℃或低于 10℃时，要相应减少日投饲量或停止投饲；在生长的高峰季节，要结合每天检查食台的情况，科学地确定每天的投喂量。其中晚上的投喂量应占到全天投饲量的 50%～60%。定量投喂，对降低饲料的消耗（浪费）、提高饲料消化率、减少对水质污染、减轻鳅病和促进鳅鱼正常生长都有良好的效果。

3. 定质

投喂的饲料要求新鲜、安全卫生、适口、水中稳定性好，各种营养成分含量合理，不能投喂腐败变质的饲料。发霉、腐败变质的饲料不仅营养成分流失，失去投喂的意义，当池塘中泥鳅摄食后，还会引发疾病及其他不良影响。要依据泥鳅在不同水温条件下，对植物性饲料和动物性饲料含量合理的配合饲料，促进泥鳅快速生长。

4. 定位

在泥鳅苗种刚入池的几天里，开始投喂饲料时，先是将粉状饲料沿池塘四周定时均匀投撒，逐渐将投喂的地点固定在食台周围，然后将投饲点固定在食台上，使泥鳅形成定时到食台上摄食。一般每亩池塘设面积 1～2 平方米左右的饲料台 4～6 个。一旦在食台上投喂后，就一定要记住在以后的每次投饲时，要将饲料投喂到搭设好的食台上，不能随意投放，避免浪费，避免泥鳅由于不能定时定点找到食物而影响泥鳅的生长。定位投喂的好处一是将饲料均匀投撒在食台上，便于泥鳅集群摄食；二是投放的饲料不会到处漂散，避免造成浪费；三是投喂的饲料不可堆积，要均匀地撒开在食场范围内，能确保泥鳅均匀摄食；四是便于检查和确定泥鳅的摄食和生长情况；五是当池塘中的泥鳅需要投喂药饵时，能使泥鳅集群均匀摄食，提高药效。

二、四看投喂技巧

在泥鳅的饲养过程中给泥鳅投饵时，可以通过眼力观察鱼池的表面现象判断实际的投饵量是否合适，这就需要经验和技巧。

一看吃食时间的长短：投喂后在 1 个半小时内吃完为正常，1 小时不到就吃完表明投喂量不足，还有一部分泥鳅没有吃饱，应适当增加投喂量。如延长到 2 小时还未吃完，而泥鳅群已离开食场，表明饱食有余，下次投喂可适量减少。

二看泥鳅类生长大小：4～5 月份，泥鳅开食后食量逐渐增加，在 1 周或 1 旬的投喂计划中，要观察周初与周末或旬初与旬末的变化。如果投喂量不变,而到周末或旬末时,在半小时内就吃完,表明泥鳅的体重增加了,吃食量大了,没有吃饱,要适当增加喂量。

三看水面动静:吃饱后的泥鳅一般都沉到水底。投食后如果泥鳅没有生病而在水面上频繁活动,属饥饿表现,尤其是泥鳅苗或泥鳅种在水面上成群狂游,这是严重饥饿的表现,俗称“跑马病”,要立即投食,堵截狂游,否则会大批死亡。

四看水质变化:对于泥鳅来说以食浮游生物为主的肥水泥鳅,可观察水质的肥瘦去判断是否满足其生长要求。当水质瘦时,用施肥办法去培养浮游生物;当水质过肥,出现恶化浮头时,则要立即换水开机增氧,必要时投放敌百虫药物杀死浮游动物,促进泥鳅的生长。

第五章 池塘养殖的施肥

第一节 池塘施肥的作用

池塘养殖泥鳅的水体有肥水和瘦水之分，肥水中含有大量的泥鳅易消化的浮游生物，因此泥鳅在这种水体中能快速生长发育，而瘦水不具备这种优势。所以在养殖泥鳅时，必须尽可能将瘦水转变成肥水，这就是池塘施肥养泥鳅的意义。

在泥鳅养殖池中施肥，它的作用主要体现在3个方面。首先是使浮游植物因得到必要的养分而大量繁殖；其次是促进以浮游植物为饵料的浮游动物和其他水生动物的增殖，这样便为泥鳅提供了各种适口饵料；第三是施到鱼塘里的粪肥等有机肥料中，含有一部分有机碎屑，这些有机碎屑可以直接被泥鳅所吞食和利用，从而提高泥鳅的产量。总之，在池塘中施肥，可以提高水体肥度，增加泥鳅的产量，肥料进入水体后，参与水体生态系统的能量流动和物质循环。

第二节 有机肥的施用

一、有机肥

用于池塘养殖泥鳅的肥料，主要是有机肥，也就是我们通常所说的农家肥，还有一种就是无机肥，也就是所说的化肥。

由于农家肥的肥源广、生产潜力大、成本低，所以它是我国渔民在渔业生产中的一类不可缺少的传统肥料。长期施肥有机肥，不仅可以改善水产品的营养和口感，增加渔业产量，还能培肥水质，培育饵料生物，增强水产品的品质和体质健康。

有机肥料包括各种作物的秸秆、草木灰、绿肥、人粪尿、牲畜粪尿、家禽粪便、厩肥、堆肥、沼气肥和某些工厂的废水及生活污水等。这是我国养鱼生产中历史最久、运用最多、最广、效果又最好的一种肥料。

在施有机肥的池塘中，自养细菌在食物链的第一环节中占有主要地位，由于细菌比浮游植物繁殖快，饵料利用价值高，所以这种池塘对浮游动物的繁殖特别有利，往往能保持较高的生物量，另外，有机肥成分较全面，所含营养元素较集中，不但含有N、P、K，还含有其他各种营养元素。有机肥施用后分解慢，肥效较缓和而持久，故又称为迟效肥料。所以，从长期效果看，对于浮游生物的增殖比较适宜，这些特点使有机肥具有较高的生产效果。

二、有机肥料的特点

有机肥施于水体后，有以下几个方面的优点：

首先是营养全面。例如100千克的干猪粪，就含有氮(N)5.4千克，磷(P_2O_5)4.0千克，钾(K_2O)4.4千克。这些元素相当于硫酸铵27.0千克，过磷酸钙24.0千克，硫酸钾8.8千克。另外还有少量的钙、镁、硫及各种微量元素。农村各种秸秆燃烧以后的灰分，称为草木灰，含钾(K_2O)特别丰富，高达8.1%，还有2.3%的磷(P_2O_5)和10.7%的钙(CaO)。即100千克草木灰，就相当于硫酸钾16.3千克，过磷酸钙13.8千克。

其次是提高水体养分的有效性。因为有机肥是以有机质为主，在施入水体后，水体中和池塘底质中的有机质必然会增加。因此在池塘这个小环境中，土壤微生物也就变得非常活跃，它们在分解水体中和土壤中的有机质时，一方面释放出生物饵料所需的各种养分，另一方面微生物所分泌的有机酸，又能促进土壤中一些难溶的矿物质的溶解，达到提高水体养分有效性的效果。

再次就是能改良水体成分。有机肥施入水体后，各种有效的营养成分也就随之被水体所接受，部分有机物质可以络合水体中有毒或难溶解的无机盐而沉积于淤泥中，改良了水体的营养成分，缓解了水体的毒素影响。

第四就是促进底质结构的改良。微生物在分解有机质的过程中，一方面提供养分给作物吸收利用，另一方面又形成一种黏结性物质，把分散的土粒团聚在一起，形成一种疏松的团粒结构。这种结构对提高池塘底质的保水、保肥、保温能力有重要作用。

第五就是可以变废为宝，净化环境。制作有机肥的材料来源很广，生产潜力很大，成本也很低。可以说哪里有人类居住和农业生产，哪里就会得到制作有机肥的材料，如人粪尿、畜禽粪便、各种作物的秸秆、塘埂地头的杂草、水产品加工后的残渣以及城市垃圾等。这些废、杂物品，如果不用来制成有机肥，人类的生活环境就会受到污染，所以说，施用有机肥实际上变废为宝，也是对环境的净化。

三、有机肥的种类

第一类是绿肥，包括采用天然生长的各种野生青草、水草、树叶、嫩枝芽或各种人工栽培的植物而制成的绿肥；各种油料作物的籽实，在经过榨油或提取后所制成的饼肥，如大豆饼、菜籽饼、芝麻饼、花生饼和棉籽饼等；以各种作物的秸秆和木柴燃烧后的草木灰。

第二类是粪肥，包括人粪尿、家畜粪尿、家禽粪尿、混合堆肥、沼气肥等。

在泥鳅的池塘养殖中，最常用的有机肥就是各种粪肥，这是因为这类肥料具有来源广的特点，而且大部分是不花代价的、只需人力物力即可获取的高效肥，因此目前施用这类粪肥作基肥或追肥在农村池塘养泥鳅中占有主导地位。

四、有机肥的用法与用量

池塘施用各种粪肥，最好先经过发酵腐熟，避免生鲜粪直接施入池塘，在分解过程中消耗池中大量溶氧，并易受气候的影响，使肥效不稳定，而且病菌较多，易导致鱼生病。池塘如施用新鲜牛粪，容易引起草鱼黏细菌烂鳃病，而先经过发酵腐熟，就可以杀死大量细胞，对预防泥鳅的细菌性疾病有一定作用。施粪肥时加水稀释或不加水直接洒入池塘即可。

一般施用量为每亩 400～500 千克(指一般的半干半湿家畜粪肥、厩肥或堆肥；人粪与鸡粪减半)，具体用量可视池塘的深浅、肥料的浓稀及原有的水质肥度而酌情增减。如果刚进行了排水清塘，那么可将肥料均匀撒布于塘底浅水中，使其在阳光暴晒下，水温升高，较快地分解矿化，3～4 天后即可加满水位，再隔 7～8 天即可放鱼，如果池塘水位较高时施基肥，可在放鱼前 10～15 天，将肥料堆成小堆，分布于向阳浅水处，使其逐渐分解矿化，扩散水中。如果当时水温已较高，可在放鱼前 5～7 天将肥料用水搅匀，均匀泼洒于塘面上。

追肥的数量应视养鱼的方式、池塘条件、肥料质量(即稀粪与稠粪的区别以及腐熟程度)和水温的高低而不同。根据我国大部分地区养鱼的实践经验，追肥的用量一般为：4～6 月份，每月每亩水面施加 300～400 千克；7～9 月份，由于投饵量大，水质已很肥，一般不再追施粪肥；9 月中旬以后，天气转凉，水色变淡，又可酌情施肥，以保证水温的恒定或水温的缓慢下降，一般每月每亩用量为 200～250 千克。投饵不充分的池塘，施肥的用量应参照上述标准酌情增加，而且在 7～9 月份的生长旺季也不能停止施肥，一般每月每亩用量为 200 千克左右。不投饵的池塘，如果水源可靠，更应加大追肥量，以争取高产。用量大体上可定为每月每亩 500～1000 千克，深水塘、低肥效或生长旺季从高，反之从低。

第三节 无机肥料的施用

一、无机肥

无机肥料又称化学肥料，简称化肥，就是用化学工业方法制成的肥料。一般无机肥料施用后肥效较快，故又称为速效肥料。无机肥料以所含成分的不同，可分为氮肥、磷肥、钾肥和钙肥等。其中的氮肥和磷肥相当重要。

二、无机肥料的特点

首先是有效养分含量高。无机肥料是用特定的化学物质制成的，具有一定的针对性，因此它的有效养分含量高是它最主要的特点之一。例如氮肥中的硫酸铵含氮为 20%，尿素含氮为 48%。1 千克硫酸铵所含的氮素，相当于人粪尿 25～40 千克。1 千克过磷酸钙（过磷酸钙含 P_2O_5 18%～20%）相当于猪圈肥 80～100 千克。1 千克硫酸钾（硫酸钾含 K_2O 50%）相当于草木灰 6～8 千克。

其次是施入水中，肥效快。无机肥施入水体后，能很快被水分溶解，并被浮游植物利用。有经验的渔民可以通过池塘水色的变化来判断肥料的效果，一般 3～5 天即可看到水色有明显的变化。

再次就是养分单一，这是因为除复合肥料外，无机肥料的原料都比较单纯，容易确定，大多数是一种肥料仅含一种肥分，因此在用作追肥使用时，可根据池塘的水色和养殖鱼类的不同品种、不同的生长发育阶段，缺什么补什么，这就叫看鱼施肥，既经济，见效又快。

第四就是无机肥料在安全用肥的范围内，对池塘的自身污染较轻，而且池塘的自净作用能力强，很快能自我调节。

最后就是它的施用具有用量较小，操作方便。

由于施化肥时，池塘中食物链的第一个环节主要是浮游植物，而浮游植物作为浮游动物的饵料，营养价值不如细菌，所以这时池塘中浮游动物的数量远不及施有机肥的池塘。另外，在浮游植物中，施化肥的池塘主要以绿藻类为主，而绿藻类的饵料价值比施有机肥时池塘中的优势种群—金藻类、硅藻类、隐藻类差一些，而且化肥的肥效不持久，水质较难掌握。所以单独施用化肥时，效果不如有机肥，如果混合施用有机肥、无机肥时，各种成分适当搭配，取长补短，才能发挥最大的经济效益。

三、无机肥料的种类

第一类是氮肥，包括硫酸铵、氯化铵、碳酸氢铵、氨水、硝酸铵、硝酸铵钙、尿素等。

第二类是磷肥，包括过磷酸钙、重过磷酸钙、汤马斯肥、磷灰土、钙镁磷肥、脱氟磷肥、磷矿粉等。

第三类是钾肥，包括氯化钾、硫酸钾、窑灰钾肥等。

第四类是钙肥，包括生石灰、消石灰、和石灰石等。

第五类是复合化肥，包括硝酸磷肥、磷酸铵、氮磷钾三元复合肥等。

四、无机肥料的施用

1. 池水的判别

施肥养鱼主要是向水体施加外来的营养元素，以补充因捕捞渔获物而带走的氮、磷、钾、钙、硅等营养元素，促进水体内鱼类易消化的浮游植物、浮游动物大量繁殖而提供天然饵料，因此在施肥前有必要先检查池水的肥瘦。

通常从水色、水华、油膜以及用化学手段检测来判断水体的肥瘦程度。如果是肥水，则应保持优势种群，可暂不施肥；如果是水华水，则应采取相应措施，控制优势种群的继续发展；如果是瘦水，则要根据相应的水质、土质和环境，适当施加肥料，促进饵料生物的快速发展。

2. 无机肥的用量

池塘施用各种无机肥的数量，因土壤的结构与特点、池塘的条件、水质的肥瘦、池水的深浅、养鱼的方式及水平、饲养鱼的种类不同而有所差异。氮肥的用量以所含的氮计，基肥大致为每亩 2～2.5 千克。铵态氮肥数量施少一些，硝态氮肥数量多施一些。以后每次追肥的用量大致为基肥的 1/4～1/3，全年总的用量为每亩 20 千克。各种氮肥的实际用量可根据含氮量进行换算。例如硫酸铵的含氮量约为 20%，那么每亩施基肥数量如按需氮 2 千克计算，则需施硫酸铵的量为 2×100/20＝10 千克；追肥量为 2.5～3.5千克/次，同法可得全年用量为 40～60 千克。

根据各地区土壤中所含磷量的不同，磷肥的施用量以五氧化二磷计算，基肥为每亩 1～2 千克，追肥为基肥的 1/4～1/3，全年用量为 7～15 千克。

施用钾肥时，其用量以氧化钾计算，基肥为每亩 0.5 千克，追肥为基肥的 1/4～1/3，全年用量为 1.5～2.5 千克。

钙肥的用量要根据池塘的底质性质、腐殖质的多少、pH 值的高低、是否大量施用有机肥料以及水源、水质的硬度大小等条件加以综合考虑。我国渔农在结合清塘施用生石灰时，根据池底腐殖质的多少，用量一般为 50～100 千克/亩（常用量为 75 千克/亩），使用生石灰作追肥的用量，大致为每次 4～5 千克。

3. 施肥的时间

在水体中投施化肥是一项技术性很强的工作，总的原则是少量多次、少施勤施，充分发挥化肥的作用，避免浪费，提高经济效益。施肥的时间与水温有密切的关系：一般情况下，当水温上升到15℃以上时，就应先施基肥，要求一次性施足，以后就施化肥作为追肥，必要时辅以厩肥。当水温上升到20～30℃时，浮游植物在适宜的光照、温度条件下，繁殖期来到，需要大量的能量供应，此时也正是泥鳅快速生长的旺季，化肥的总量要多施，主要把握好施肥的次数要多，通常选择在晴天中午施肥。

4. 施肥的次数

无机肥大多数是速效肥，用作追肥效果较好，施用时宜少量多次。在泥鳅快速生长期间，最好每3～4天施用1次，至少每周施用1次，以确保池水肥度适宜且稳定。

5. 施肥的方法

无机肥的施用比较简单：生石灰需要结合清池或消毒施于塘底或单独泼洒。施肥时，先将各种化肥放于桶内或其他较大的容器内，然后用水溶化并稀释，均匀洒于塘面上，施肥原则上采取少量多次、少施勤施的原则，通常选择在晴天中午光照强度大的时候进行，雨天尽量不施，在天气闷热情况下宜少施或不施，但如果连续阴雨，水质较瘦时，化肥也得及时施用。

特别注意的是：在混合用磷肥、氮肥时，必须先施磷肥，后施氮肥，次序不能颠倒，也不可同时进行。如果氮肥、磷肥同时施用，就会产生一种有毒、无肥效的偏磷酸，这将大大降低施肥的效果。

氨水碱性较强，不宜与过磷酸钙混合施用，它具有较强的挥发性，使用时应避免有效成分的挥发而损失。根据广东的经验，可将整坛氨水放入池塘中，然后在水中把盖打开，将坛斜放，使氨水慢慢冒出，这样可避免在岸边倾倒时，氨挥发损失，并熏死塘埂上种植的鱼草或农作物。

第四节 施肥的十忌

施肥养鱼是作为提高鱼产量的有效措施之一被广泛应用到渔业生产中,但是,由于种种肥料有其优点缺点,同时施肥也是一门专业性较强的学问,为了充分有效地发挥施肥养鱼的最大效果,切记施肥的"十忌"。

一、忌雨天施肥

雨天施肥至少有四大弊端:(1)天气阴暗光照减弱,水体中浮游植物光合作用不强,对氮、磷等元素的吸收能力较差;(2)随水流带进的有机质较多,不必急于施肥;(3)水量较大量,施肥的有效浓度较低,肥效也随之降低;(4)溢洪时,肥料流失性大。

二、忌气闷热天施肥

天气闷热时,气压较低,水中溶氧较低,施加肥料后则使水中有机耗氧量增加,极易造成精养鱼池因缺氧而浮头泛池;同时,天气闷热时,可能即将有大雨降临,犯了下雨天施肥的大忌。

三、忌浑水施肥

水体过分浑浊时,说明水体中黏土矿粒过多,氮肥中的铵离子和磷肥及其他肥料的部分离子易被黏土粒子吸附固定、沉淀,迟迟不能释放肥效,造成肥效的损失。

四、忌化肥单施

施肥的主要目的是培育水体中的鱼类易消化的浮游植物与浮游动物,经过食物链与能量流动,最终供鱼类食用。浮游生物吸收营养是有一定比例的,一般要求氮、磷、钾的有效比例为 4∶4∶2,

如果单施某种化肥，肥效的营养元素比较单一，则其他的营养元素就会成为限制因子而制约肥效的充分发挥。

五、忌盲目混施

某些酸性肥料与碱性肥料混合施用时，易产生气体挥发或沉淀沉积于淤泥中而损失肥效；某些无机盐类肥料的部分离子与其他肥料的部分离子作用也可丧失肥效；有些离子被土壤胶粒吸附也会丧失肥效。因此，并不是每种肥料都可以混合使用的。如果确因防治鱼病，调节水质而施放生石灰时，最好等十天半个月后再施过磷酸钙，以免使肥效丧失。

六、忌高温季节施肥

施用肥料最适合主养鲢、鳙等肥水性鱼类的精养鱼塘。根据鲢鳙鱼的生长规律（即鲢、鳙鱼所摄食的浮游生物的生长规律），鱼塘施肥的季节宜在每年的 5～10 月，水温在 25～30℃的晴天中午进行，但并非温度越高越好。因为在七八月份的高温季节，水体中许多鱼类易喜食的浮游生物种群较少，在水温超过 30℃时应停施少施肥料，特别是有机肥料易引起水体溶氧降低，如果此时仍一味施肥，不仅会浪费肥料而提高养殖成本，而且会败坏水质，引起浮头泛塘。

七、忌固态化肥干施

干施的氮、磷肥呈颗粒状，由于其自身的重力因素，它们在水表层停留时间较短，易沉入水底，陷入污泥的陷井中，从而影响肥效。正因为这个原因，许多鱼类专家将淤泥比喻成磷肥的“陷井”。一般在施用固态氮磷肥时，采用溶解后兑水全池泼洒为最佳。

八、忌鱼摄食不旺或暴发鱼病时施肥

在泥鳅摄食不旺时施肥，培育的大量浮游生物不能及时地被有效利用，易形成水华，败坏水质；而在暴发鱼病时，泥鳅的抵抗力减弱，若铵态氮肥施用较高，则易使泥鳅中毒死亡，同时在暴发鱼病时，泥鳅的摄食能力下降，也不宜施肥。

九、忌一次施肥过量

如果过量施用铵态氮肥，会使水体中氨积累过多，造成鱼中毒现象；同时施有机肥过量，则使水体中有机物耗氧量增大，容易造成鱼池缺氧而泛塘，所以施肥时，千万不能图省事，一次将肥料下足，应严格遵循“少量多次、少施勤施”的八字施肥方针，一般要求3～5天施追肥1次，使池水的总氮有效浓度始终保持在0.3毫克/升以上，总磷浓度保持在0.04～0.05毫克/升以上。

十、忌施肥后放走表层水

肥料施入水体后，经过一系列的理化反应，3～5天后才可以转化成浮游生物，7天左右优势种群的数量达到高峰期，而且浮游生物的种群一般均匀分布在水体表层的1～2米处。如果施肥后放走表层水，则培育的浮游生物明显受到损失，造成肥效的下降，如果确因农业用水的需要，此时应从底涵放走水。

掌握施肥技术在于既要使水质变肥，泥鳅喜食且易消化的浮游生物的种群和数量多，又要使水中溶氧不致过低，而影响泥鳅的生存和生长。因此，施肥时应掌握科学施肥，注意以上所述的施肥十忌。

第六章 池塘养殖泥鳅

泥鳅对水质的要求不太严格，池塘、稻田、水沟和田头坑塘都能养殖，在农村有广阔的发展空间，是农民增收致富的有效途径。

第一节 泥鳅池塘养殖的前景

一、泥鳅池塘养殖基础

泥鳅是一种高蛋白、低脂肪、营养丰富的食品，它的肉质细嫩，味道鲜美，素有“水中人参”之称，适宜各类人群食用。近年来，随着人们生活水平的提高，对泥鳅的需求量越来越大，加上农药大量使用以及捕捞强度增大等原因而导致自然界的野生资源却越来越少，虽然人工养殖起到了一定的补充作用，但是总的趋势是产量在不断地下降，因此泥鳅售价越来越高，另外，特种水产的兴起也导致大量捕捉泥鳅作为饲料。无论是国内市场，还是国外市场，泥鳅供不应求，所以养殖泥鳅是有利可图的。

二、泥鳅池塘养殖的方式

我国广阔的池塘可以用来养殖泥鳅，成品泥鳅养殖技术有池塘精养技术、池塘套养技术、庭院式小池养殖技术、池塘混养轮养技术、池塘立体生态养殖技术、池塘反季节养殖技术等多种多样，各地应根据具体的情况进行因地制宜的发展泥鳅养殖。可根据生产目的，放养不同规格的鳅种和稀放鳅苗，收获不同规格要求的商品泥鳅。

三、泥鳅池塘养殖的周期

泥鳅的生长与饵料、饲养密度、水温、性别和发育时期有非常大的关系，尤其是与饵料的适口与丰欠关系极大。在人工饲养泥鳅条件下，刚孵出的泥鳅苗约经 20 天左右培育便可达 3 厘米，1 龄时可长成 80～100 尾/千克的商品泥鳅。因此每尾体重 10 克以上的商品泥鳅，在池塘环境下，一般养殖期为 1 年左右。

四、影响池塘养殖泥鳅效益的因素

影响池塘养殖泥鳅产量和效益的因素主要有以下几种，养殖户在养殖时一定要注意，力求避免这些不利影响。

一是泥鳅苗种的质量影响效益。质量差的泥鳅苗种，一般都不外乎以下几种情况：亲鱼培育得不好或近亲繁殖的泥鳅苗；泥鳅苗繁殖场的孵化条件差、孵化用具不洁净，产出的泥鳅苗带有较多病原体（如病菌、寄生虫等）或受到重金属污染；高温季节繁殖的苗；泥鳅苗太嫩；经过几次“包装、发运、放池”折腾的同批泥鳅苗，因此我们在进行泥鳅繁殖或泥鳅苗种时要注意，尽可能避开这些风险。

二是泥鳅养殖池的条件不好，具体表现为单个养殖池的面积太大，或水体过深，或因长年失修淤泥深厚等等，导致池塘漏水、缺肥，泥鳅的生长不好，发育不良。

三是泥鳅养殖池中的残留毒性大，对泥鳅的身体造成损伤，甚至导致泥鳅大面积死亡，池塘中毒性存在的原因是清塘时的药力尚未完全消失就放入苗种；施用了过量的没有腐熟或腐熟不彻底的有机肥作基肥，长期在这种水体中生活的泥鳅也会中毒。

四是泥鳅池中敌害生物太多，而造成小泥鳅被大量捕食，导致泥鳅的成活率极低，当然产量也就极低，造成养鳅池中敌害生物太多也是有原因的，例如泥鳅池没有清塘，或清塘不彻底，或用的是已经失效的药物，或在注水混进了野杂鱼的卵、苗、蛙卵等敌害生物。

第二节　养殖池塘的准备

一、泥鳅池分类

泥鳅池分苗种池和成鱼池 2 种，苗种池面积 30～60 平方米，水深 15～40 厘米；成鱼池面积 100～200 平方米，大的可达 600～700 平方米，水深达 30～40 厘米。大池主要用于饲养商品鳅或种鳅。

二、池塘的位置

选择适宜的地点建池，是饲养泥鳅的首要问题。

池塘以泥底为好，如果是水泥池，则应铺 25～30 厘米深的厚泥土，或增添些泥浆，以便泥鳅避暑、御寒、逃藏及栖息之用。成鳅养殖的池塘应建在房前屋后，避风向阳、阳光充足、温暖通风、引水方便、水质清新、弱酸性底质、周边地区无工业或城市污染源、不受农药或有毒废水的侵害污染、交通便利、电力有保障的空地方，最好能自流自排。

三、池塘面积

土质池塘面积以一亩左右为宜，长方形，不宜太大。水泥池面积 100～150 平方米为宜，种苗地可小一些，30～50 平方米为佳。池深一般 50～100 厘米。

四、水源与水质

泥鳅适应性强，无污染的江、河、湖、库、井水及自来水均可用来养泥鳅。我国绝大部分地区的水域都能饲养泥鳅，只有在冷泉冒出及旱涝灾害特别严重的地方，不宜养鳅。

根据泥鳅的生态习性，养殖用水溶解氧可在 3.0 毫克/升以上，pH 值在 6.0～8.0，透明度在 15 厘米左右。

五、池塘土质

土质对饲养泥鳅效果影响很大，生产实践中表明，在黏质土中生长的泥鳅，身体黄色，脂肪较多，骨骼软嫩，味道鲜美；在沙质土中生长的泥鳅，身体乌黑，脂肪略少，骨骼较硬，味道也差。因此，养鳅池的土质以黏土质为好，呈中性或弱酸性。如果确实需要在沙质土质池塘养殖泥鳅，我们可在放养前大量投放粪肥改善底质来制造泥鳅良好的生长环境。

六、池塘的处理

泥鳅个体小，生长慢，有钻泥的本能，捕捞十分困难，逃跑能力强，只要有小小的缝隙，它便能钻出去。如果池塘有漏洞，泥鳅甚至能在一天之内逃得干干净净，所以，泥鳅的养殖与其他鱼类养殖在池塘准备上是有很大不同的。主要表现在池塘的处理上，在建造成鳅池时，考虑到泥鳅特有的潜泥性能和逃跑能力，重点是做好防逃措施，同时也可以防蛇、鼠及敌害生物和野杂鱼等敌害进入养殖区。

一是池的四壁在修整后须夯实，杜绝漏渗，四周可用水泥筑墙、薄膜贴埂、铲光土壁等措施来达到防逃的目的。

二是在处理池塘的底部上，挖掘机挖出池塘之后，要把池塘的底部夯得结结实实。

三是池塘上设进水口、下开排水口，进排水口呈对角线设置，进水口最好采用跌水式，池壁四周高出水面 20 厘米，避免雨水直接流入池塘；出水口与正常水位持平处都要用铁丝网或塑料网、篾闸围住，以防止泥鳅逃逸或被洪水冲跑。排水底孔位于池塘池底鱼溜底部，并用 PVC 管接上高出水面 30 厘米，排水时可调节 PVC 管高度任意调节水位。因为现在的 PVC 管道造价比较便宜，所以许多养殖场都考虑用 PVC 管道作为池塘的进水管道，它的一端出自蓄水池边的提水设备，另一端直接通到池塘的一边。

四是为防止池水因暴雨等原因过满而引起漫池逃鱼，须在排水沟一侧设一溢水口，深 5～10 厘米、宽 15～20 厘米，用网罩住。平时应及时清除网上的污物，以防堵塞。

五是在生产实践中，许多养殖户还采用处理池塘边缘的方法来达到防逃的目的，就是沿着池塘的四周边缘挖出近 1 米深的沟，然后把厚实的塑料布从沟底一直铺到地面，塑料布的接口也得连接紧密，上端高出水面 20 厘米。将塑料布沿着池子的边缘铺满之后，用挖出的土将塑料布压实，这样塑料布就和池塘连成了一体。塑料布的上端，每隔 1 米左右用木桩固定，保证塑料布不被大风刮开，可有效防止泥鳅逃跑和敌害生物进入。也可用水泥板、砖块或硬塑料板，或用三合土压实筑成。

在池塘处理时还要做好鱼溜的准备工作，这种鱼溜也叫集泥鳅坑，主要是为了方便捕捞而开挖的，池中设置与排水底口相连的鱼溜，其面积约为池底的 5%，比池底深 30～35 厘米。鱼溜四周用木板围住或用水泥、砖石砌成。

第三节 放养前的准备工作

从鳅苗孵化，大约 60 天的时间，泥鳅就长到了 4 厘米左右，这时的鳅苗便可以放入大池塘养殖了。鳅苗入池之前，池塘需要经过精细的处理。

一、陈旧池塘的暴晒

许多养殖户没有开挖新的养鱼池来养殖泥鳅，他们会利用一些已经养了好多年鱼的池塘来养殖，对于多年使用的池塘，阳光的暴晒是非常重要的，一般在鳅苗入池前30天就要暴晒，将池塘的底部晒成龟背状，这样对于消灭池塘的微生物有很大的好处。

二、挖出底层淤泥

对于那些多年进行泥鳅养殖的池塘来说，鳅苗入池之前，必须要清除底层的淤泥。因为池塘的底层淤泥都会淤积很多动物粪便和剩余的饲料，是病菌微生物生存的栖息地，而泥鳅又有钻泥的习惯，喜欢在池塘的底部活动。不做好清淤工作会影响泥鳅的健康成长。一般情况下，用铁锨挖起底部过多的淤泥，集中在一起，然后用小车推到远离池塘的地方处理。同时也要对池塘进行检查，堵塞漏洞，疏通进排水管道。

三、池塘的清塘消毒

泥鳅池是泥鳅生活栖息的场所，也是泥鳅病原体的贮藏场所。泥鳅池环境的清洁与否，直接影响到泥鳅的健康，所以一定要重视泥鳅池的清塘消毒工作，它是预防鳅病和提高泥鳅产量的重要环节和不可缺少的措施之一。

在泥鳅生产中，提前半个月左右的时间，采用各种有效方法对池塘进行消毒处理，用药物对池塘进行清塘消毒，既可以有效地预防泥鳅疾病，又能消灭水蜈蚣、水蛭、野生小杂鱼等敌害。在生产过程中常用的清塘药物有生石灰、漂白粉等。

1. 清整泥鳅池塘

在泥鳅苗放养前20天，清整泥鳅养殖池并进行适当改造，先将池水抽干，查洞堵漏，疏通进排水管道，翻耕池底淤泥。

2. 漂白粉清塘

漂白粉遇水后能放出次氯酸，具有较强的杀菌和灭敌害生物的作用，一般用含有效氯30%左右的漂白粉。干池塘每亩用药4～5千克；带水清塘时，水深1米用12.5千克，先用木桶加水将药物溶解，立即全池遍洒，然后划动池水，使药物分布均匀，4～5天后药力消失，即可放养鱼种。

3. 茶饼清塘

每亩用茶饼20～25千克。先将茶饼打碎成粉末，加水调匀后遍洒。6～7天后药力消失，即可放养鱼种。

4. 生石灰清塘

生石灰是常用的清塘消毒剂，使用生石灰消毒泥鳅池，可迅速杀死敌害生物和病原体，如野杂鱼、各种水生昆虫和虫卵、螺类、青苔、寄生虫和病原菌及其孢子等，有除害灭病作用。另外，生石灰与水反应，变成能疏松淤泥、改善底泥通气条件、加快底泥有机质分解的碳酸钙；在钙的作用下，释放出被淤泥吸附的氮、磷、钾等营养素，改善水质，增强底泥的肥力，可让池水变肥，间接起到了施肥的作用。生石灰清塘可分为干法清塘和湿法清塘2种。

一是干法清塘，池塘在暴晒4～5天后进行消毒，生石灰的用量为30～50千克/亩，直接泼洒到池底，泼洒之后加注新水，经过1周的时间，才能将鳅苗入池。

二是湿法清塘，泥鳅养殖池中留水4～6厘米，在池中挖一些小坑，将生石灰放入小坑中用水溶化，生石灰化成浆后不等冷却，立即全池均匀泼洒，泼浇生石灰后第二天用铁耙翻耕池底淤泥。生石灰的用量为每亩100千克，清塘1周后药性消失，即可投放幼鳅。

5. 生石灰和漂白粉混合清塘消毒

一般水深在10厘米左右，每亩用生石灰50千克加漂白粉15千克溶水全池泼洒。

四、池塘培肥

泥鳅的食性较杂，水体中的小动物、植物、浮游微生物、底栖动物及有机碎屑都是它的食物。但是作为幼鳅，最好的食物还是水体中的浮游生物，因此，在泥鳅养殖阶段，采取培肥水质、培养天然饵料生物的技术是养殖泥鳅的重要保证。

可在药物清塘 5 天后加注过滤的新水 25 厘米，每 667 平方米施有机肥 150～250 千克，用于培肥水质。用于培肥水质的肥料都是用有机肥来做施基肥，每 10 天施发酵腐熟了的鸡粪 400 千克或猪牛人粪 600～800 千克，均匀撒在池内或集中堆放在鱼溜内，让其继续发酵腐化，以后视水质肥瘦适当施肥。待水色变黄绿色，透明度 15～20 厘米后，肉眼观察时以看不见池底泥土为宜，即可投放鳅苗。过早施肥会生出许多大型的浮游动物，泥鳅苗种嘴小吞不下；过迟施肥，浮游动物还没有生长，泥鳅苗种下塘以后就找不到足够的饵料。如果施肥得当，水肥适中，适口饵料就很丰富，泥鳅苗种下池以后，成活率就高，生长就快。

除施基肥外，还应根据水色，及时追肥。在施肥培肥水质时还有一点应引起养殖户的注意，我们建议最好是用有机肥进行培肥水质，在有机肥难以满足的情况下或者是池塘连片生产时，不可能有那么多的有机肥时，也可以施用化肥来培肥水质，同样有效果，只是化肥的肥效很快，培养的浮游生物消失的也很快，因此需要不断地进行施肥。生产实践表明，如果施化肥时，可施过磷酸钙、尿素、碳铵等化肥，例如每立方米水可施氮素肥 7 克，磷肥 1 克。

五、投放水生植物

泥鳅养殖池内应种些水生植物，如套种慈姑、浮萍、水浮莲、水花生、水葫芦等水生植物，覆盖面积占池塘总面积的 1/4 左右，以便增氧、降温及遮阳，避免高温阳光直射，为泥鳅提供舒适、安静的栖息场所，有利摄食生长，以利泥鳅生活，同时，水生植物的根部还为一些底栖生物的繁殖提供场所，有的水生植物本身还具有一些效益，可以增加收入。当夏季池中杂草太多时，应予清除，池内可放养一些藻类或浮萍，既可以改善水质还可以补充泥鳅的植物性饲料。

六、泥鳅养殖用水的处理

在大规模池塘养殖泥鳅时，常常会涉及到循环用水，因此就必须对养殖用水进行科学的处理，根据目前我国养殖泥鳅的现状来看，通过物理方法来对养殖用水进行处理是很好的，这些物理处理用水的方法包括通过栅栏、筛网、沉淀、过滤、挖掘移走底泥沉积物、进行水体深层曝气、定时进换水等工程性措施。

一是栅栏的处理，栅栏用竹箔、网片组成。通常是将栅栏设置在泥鳅养殖区域水源进水口，通过栅栏的作用，目的是为了防止水中较大个体的鱼、虾类、漂浮物、悬浮物以及敌害生物带入养殖区域水体。

二是筛网的处理，筛网一般会安置在水源进水口的栅栏一侧，作为幼体孵化用水，以防小型浮游动物进入孵化容器中残害幼体。对于那些利用工业废水来养殖泥鳅时，更要加以处理，也可用筛网清除粪便、残饵、悬浮物等有机物。

三是利用沉淀的方法进行处理，在养殖上一般采用沉淀池沉淀，沉淀时间根据用水对象确定，通常需要沉淀 48 小时以上。

四是进行过滤处理，过滤是使水通过具有空隙的粒状滤层，使微量残留的悬浮物被截留，从而使水质符合养殖标准。

第四节 泥鳅的投养与管理

一、泥鳅投放的模式

成鳅养殖指的是从5厘米左右鳅种养成每尾12克左右的商品鳅。根据养殖生产的实践，池塘养殖泥鳅时的投放模式有两种，效果都还不错，一种是当年放养苗种当年收获成鳅，就是4月份前把体长4～7厘米的上年苗养殖到下年的10～12月份收获，这样既有利于泥鳅生长，提高饲料效率，当年能达到上市规格，还能减少由于囤养、运输带来的病害与死亡。规格过大易性成熟，成活率低，规格太小到秋天不容易养殖成大规格商品泥鳅。第二种就是隔年下半年收获，也就是当年9月份将体长3厘米的泥鳅养到第二年的7～8月份收获。不同的养殖模式，它们的放养量和管理也有一定差别。

根据养殖效果来看，每年4月份正是全国多数地区野生泥鳅上市的旺季，野生泥鳅价格便宜，是开展野生泥鳅的收购暂养的黄金季节，也是开展泥鳅苗人工繁殖的好时机。春季繁殖的泥鳅小苗一般养殖到年低就可以达到商品规格，完全可以实现当年投资当年获利的目标。而秋季繁殖的泥鳅小苗，可以在水温降低前育成条长6厘米左右的大规格冬品鳅苗，养殖到第二年的夏季就可以达到上市规格，若养到冬季出售，其规格较大，所以在每年4月以后就是开展泥鳅苗养殖的最好时候。

放养泥鳅的时间、规格、密度等会直接影响到泥鳅养殖的经济效益，由于4月份至5月上旬，正值泥鳅怀卵时期，这时候捕捞、放养较大规格的泥鳅，往往都已达到性成熟，经不住囤养和运输的折腾而受伤，在放苗后的15天内形成性成熟泥鳅的会大批量死亡，同时部分性成熟的泥鳅又不容易生长。因此我们建议放养时间最好避开泥鳅繁殖季节，可选在 2～3 月份或 6 月中旬后放苗。

二、放养品种

如果是自己培育的苗种，就用自己的苗种，如果是从外面的苗种，则要对品种进行观察筛选，泥鳅品种以选择黄斑鳅为最好，以灰鳅次之，尽量减少青鳅苗的投放量。另外在放养时最好注意苗种供应商的泥鳅苗来源，以人工网具捕捉的为好，杜绝电捕和药捕苗的放养。

三、放养密度

待池水转肥后即可投放鳅种，若规格为 6 厘米，放养量为每亩可放养 4 万尾；体长 3 厘米左右的鱼种，在水深 40 厘米的池中每亩放养 3 万尾左右，水深 60 厘米左右时可增加到 5 万尾左右，有流水条件及技术力量好的可适当增加。要注意的是，同一池中放养的鳅种要求规格均匀整齐，大小差距不能太大，以免大鳅吃小鳅，具体放养量要根据池塘和水质条件、饲养管理水平、计划出池规格等因素灵活掌握。

四、放养时的处理

鳅种放养前用 3%～5%的食盐水消毒，以降低水霉病的发生，浸洗时间为 5～10 分钟；用 1%的聚维铜碘溶液浸浴 5～10 分钟，杀灭其体表的病原体；也可用 8～10 毫克/升的漂白粉溶液进行鱼种消毒，当水温在 10～15℃时浸洗时间为 20～30 分钟，杀灭泥鳅鱼种体表的病原菌，增加抗病能力。

在泥鳅池中可适当搭养中上层鱼类，如草、鲢、鳙等夏花鱼种，不宜搭配罗非鱼、鲤、鲫鱼等品种。

五、科学投饵

1. 饵料选择

泥鳅的食性很广，泥鳅苗种投放后，除施肥培肥水质外，应投喂人工饲料，以促进成鳅生长，饲料可因地制宜，除人工配合料外，成鳅养殖还可以充分利用鲜、活动植物饵料，如蚯蚓、蝇蛆、螺肉、贝肉、野杂鱼肉、动物内脏、蚕蛹、畜禽血、鱼粉和谷类、米糠、麦麸、次粉、豆饼、豆渣、饼粕、熟甘薯、食品加工废弃物和蔬菜茎叶等。泥鳅对动物性饵料特别爱吃，尤其是破碎的鱼肉。因此给泥鳅投喂的饵料以动物性饵料为主，在生产中，许多养殖户注意到一个现象，那就是在泥鳅摄食旺季，不让泥鳅吃得太多，如果连续 1 周投喂单一高蛋白饲料，例如鱼肉，由于泥鳅贪食，吃得太多会引起肠道过度充塞，就会导致泥鳅在池中集群，并影响肠呼吸，使鱼大量死亡，因此应注意将高蛋白质饲料和纤维质饲料配合投喂。为了防止泥鳅过度呆在食场贪食，可以采取多设一些食台，并将其均匀分布的办法。

另外，泥鳅饵料的选择和食欲还与水温有一定的关系，当水温在 20℃以下时，以投喂植物性饵料为主，占 60%～70%；水温在 21～23℃时，动植物饵料各占 50%；当水温超过 24℃时，植物性饵料应减少到 30%～40%。

2. 投饵量

水温 15℃时以上时泥鳅食欲逐渐增强，此时投饵量为体重的 2%，随水温升高而逐步增加，水温为 20～23℃时，日投喂量约为体重的 3%～5%：水温 23～26℃时，日投喂量约为体重的 5%～8%；在 26～30℃食欲特别旺盛，此时可将投饵量增加到体重的 10%～15%，促进其生长。在水温高于 30℃或低于 10℃时，应减少投饵量甚至停喂饵料。饵料应做成块状或团状的粘性饵，定点设置食台投喂，投喂时间以傍晚投饵为宜。

3. 投饵方式

投喂人工配合饲料，一般每天上、下午各喂 1 次，投饵应视水质、天气、摄食情况灵活掌握，以次日凌晨不见剩食或略见剩食为度。投饵要做到定时、定点、定质、定量。

六、水质调控

养殖池水质的好坏，对泥鳅的生长发育极为重要。泥鳅池塘水质的调控方法主要有以下几点：

一是及时调整水色，要保持池塘水质“肥、活、爽”，养殖泥鳅的池塘水色以黄绿色为佳，透明度以 20～30 厘米为宜，溶解氧的含量达到 3.5 毫克/升以上，pH 值在 7.6～8.8，养殖前期以加水为主，养殖中后期每 2～3 天换水 1 次，每次换水量在 20%～50%。当池水的透明度大于 25 厘米时，就应追肥有机粪肥，增加池塘中的桡足类、枝角类等泥鳅的天然饵料生物；透明度小于 20 厘米时，应减少或停施追肥。经常观察水色变化，当发现水色变为茶褐色、黑褐色或水体溶氧低于 2 毫克/升时，要及时加注新水，更换部分老水，定期开启增氧机，以增加池水溶氧，避免泥鳅产生应激反应。

二是及时施肥，通常每隔 15 天施肥 1 次，每次每亩施有机肥 15 千克左右。也可根据水色的具体情况，每次每亩施 1.5 千克尿素或 2.5 千克碳酸氢铵，以保持池水呈黄绿色。

三是及时消毒，6～10 月每隔 2 周用二氧化氯消毒 1 次，若发现水塘水质已富营养化，还可结合使用微生态制剂，适当施一些芽孢杆菌、光合细菌等，以控制水质。光合细菌每次用量为使池水成 5～6 克/立方米水体浓度，施用光合细菌 5～7 天后，池水水质即可好转。

四是对温度进行有效控制，泥鳅最适宜生长的水温为 18～28℃，当水温达 30℃时，泥鳅大部分钻入泥中避暑，易造成缺氧窒息死亡，此时要经常更换池水，并增加水深，以调节水温和增加水体溶解氧；当泥鳅常游到水面浮头"吞气"时，表明水中缺氧，应停止施肥，注入新水；同时还要采取遮阳措施，在池塘宽边或四角栽种莲藕等挺水植物遮荫，降低池水水温，可用水葫芦和浮萍等水生植物遮阳。

五是每天检查、打扫食台1次，观察其摄食情况。每20天用20克/立方米生石灰全池泼洒1次，每半月用漂白粉1克/立方米消毒食场1次。

六是防止缺氧，夏季清晨，如果只有少数泥鳅浮出水面，或在池中不停地上下蹿游，这种情况属于轻度缺氧，太阳升起后便自动消失，如果有大量的泥鳅浮于水面，驱之不散或散后迅速集中，就是缺氧比较严重了，这时一定要及时解救。

七、防逃

泥鳅善逃，当拦鱼设备破损、池埂坍塌或有小洞裂缝外通、汛期或下暴雨发生溢水时，泥鳅就会随水或钻洞逃逸。特别是池塘高密度饲养泥鳅，即使只有很小的水流流入饲养池中，泥鳅便可逆水逃走，特别是大雨涨水时，往往在一夜之间逃走一半甚至更多。因此日常管理中重点是防逃，做好防逃的措施主要是做好以下几点工作。

一是在清整池塘时，要同时清除池埂上的杂草，夯实和加固加高池埂，查看池埂是否有小洞或裂缝外通，如有则应及时封堵，避免因池水浸泡发生坍塌龟裂。

二是在汛期或下暴雨时，要主动将部分池水排出，以确保池塘不被迅速淹没或发生漫池现象，同时整理并加固池埂，及时堵塞漏洞，疏通进排水口及渠道，避免发生溢水逃鱼。

三是加强进排水口的管理，检查进排水口的拦鱼设备是否损坏，一旦有破损，就要及时修复或更换，在进水口常常会有新鲜水流入池中，泥鳅就会逆水流逃跑，因此要防止泥鳅从这里逃跑出去。

四是在饲养泥鳅的池塘四周安装防逃网，防逃网要求有30厘米以上高度，网下沿要扎入泥土中，以免漫水时泥鳅逃逸。

八、疾病防治

泥鳅发病的原因多是因为日常管理和操作不当而引起，而且一旦发病，治疗起来也很困难，因此，对泥鳅的疾病应以预防为主。

一是泥鳅的饲养环境要选择好，适于泥鳅的生长发育，减少应激反应。

二是要选择体质健壮、活动强烈、体表光滑、无病无伤的苗种。

三是在鳅苗下池前进行严格的鱼体消毒，杀灭鱼体上的病菌。

四是投放合理的放养密度，放养密度太稀，则造成水面资源的浪费；放养密度太密，又容易导致泥鳅缺氧和生病。

五是定期加注新水，改善池塘水质，增加池水溶氧，调节池塘水温，减少疾病的发生。

六是加强饲料管理工作，观察泥鳅的摄食、活动和病害发生情况，对腐臭变质的饲料绝不能投喂，否则，泥鳅易发生肠炎等疾病，同时要及时清扫食场、捞除剩饵。

七是在饲养过程中，定期用药物进行全池泼洒消毒、调节水质，杀灭池中的致病菌，可用1%的聚维酮碘全池泼洒，使池水达到0.5克/立方米。

八是定期投喂药饵，并结合用硫酸铜和硫酸亚铁合剂进行食台挂篓挂袋，增强池塘中泥鳅的抗病力，防止疾病的发生和蔓延。

九是捕捞运输过程中规范操作，避免因人为原因而使鱼体受伤感染，引发疾病。

十是定期检查泥鳅的生长情况，避免发生营养性疾病。

十一是加强每天巡池，要注意观察，如果发现池中有病鱼死鱼要及时捞出，查明发病死亡的原因，及时采取治疗措施，对病鱼和死鱼要在远离饲养池的地方，采取焚烧或深埋的方法进行处理，避免病源扩散。

九、预防敌害生物

泥鳅个体小，容易被敌害生物猎食，影响泥鳅的饲养效果，在饲养期间，要注意杀灭和驱赶敌害生物如蛇、蛙、水蜈蚣、红娘华、鸥鸟、鸭子等。泥鳅的敌害生物种类很多，如鲶鱼、乌鳢等凶猛肉食性鱼类以及其他与泥鳅争食的生物如鲤鱼、鲫鱼、蝌蚪等。

预防的方法是：在鳅苗下池前用生石灰彻底清塘，杀灭池中的敌害和肉食性鱼类；在进水口处加设拦鱼网，防止凶猛肉食性鱼类和卵进入泥鳅池；对于已经存在的大型凶猛性鱼类，可采用钩钓的方法清除；禽鸟可采用药和枪杀的办法清除；驱赶池边的家畜，防止鸭子等进入池内伤害泥鳅。

值得注意的是，由于青蛙是益虫，应从保护生态的角度出发进行预防，池塘中如果有蝌蚪及蛙卵时，千万不要用药物毒杀或捞出干置，应用手抄网将蛙卵或集群的蝌蚪轻轻捞出，投放到其他天然水域中。

十、起捕

一般饲养 8～10 个月可以捕获，此时每尾体长达 15 厘米左右，体重达 10～15 克，已经达到商品规格。泥鳅的起捕方式很多，在后文将作相应的阐述。例如须笼捕泥鳅效果较好，一个池塘中多放几个须笼，笼内放入适量炒过的米糠，须笼放在投饵场附近或荫蔽处捕获量较高，起捕率可达 80%以上，当大部分泥鳅捕完后可外套张网放水捕捉。

第七章　池塘混养套养泥鳅

池塘混养套养是我国池塘养鱼的特色，也是提高池塘鱼产量的重要措施之一，混养套养可以合理利用饲料和水体，发挥养殖鱼类之间的互利作用，降低养殖成本，提高养殖产量。

第一节　池塘混养套养的概念

一、池塘混养套养的原理

池塘混养套养是我国池塘养殖的特色，也是提高池塘水生经济动物产量的重要措施之一，泥鳅可在家鱼亲鱼池、成鱼池中以及与其他鱼类混养，利用池塘野杂鱼、残饵为食，一般不需专门投饵，套养池面积不限。混养套养可以合理利用饲料和水体，发挥养殖鱼、鳅、虾类之间的互利作用，降低养殖成本，提高养殖产量。

二、混养套养泥鳅的原则

我国目前养殖的鱼类，从其生活空间看，可相对分为上层鱼类、中下层鱼类和底层鱼类 3 类。上层鱼类如鲢鱼、鳙鱼，中下层鱼类如草鱼、鳊鱼、鲂鱼等，底层鱼类如青鱼、鲤鱼、鲫鱼、鲮鱼、罗非鱼等。从食性上看，鲢鱼、鳙鱼吃浮游生物和有机碎屑，草鱼、鳊鱼、鲂鱼主要吃草，青鱼主吃螺、蚬等软体动物，鲤鱼、鲫鱼(鲤也吃软体动物)能掘食底泥中的水蚯蚓、摇蚊幼虫以及有机碎屑，鲮鱼、罗非鱼能吃有机碎屑及着生藻类。池塘单独养殖上述鱼类，水体中的空间和饵料生物(如小鱼、小虾等)没有完全利用,完全可以套养泥鳅这种底栖性、杂食的水生经济动物。

三、泥鳅混养套养类型

泥鳅为底栖鱼类,池塘单养使得池塘的大部分水体没有被充分利用而影响经济效益。因此我们主张鱼虾混养或多品种的混养、轮养或和经济水生作物进行轮作,以提高池塘的利用率,提高经济效益。尤其是主养滤食性、草食性的池塘,因泥鳅与主养鱼类的食性、生活习性等几乎没有矛盾,不需要因为混养泥鳅而减少放养量。泥鳅混养类型一般有以下几种。

一种是以泥鳅为主,混养其他鱼类的混养方式:泥鳅在自然条件下以小鱼、小虾、水生昆虫、植物碎屑为食。养殖泥鳅的池塘,水体的上层空间和水体中的浮游生物尤其是浮游植物没有得到充分利用,可以适当套养一些中上层滤食浮游生物的鱼类,如鲢鱼、鳙鱼,不仅可以控制水体浮游生物的过量繁殖,调节池塘的水质,改善泥鳅的生长环境。

另一种是以其他鱼类为主,混养泥鳅的养殖方式:在常规成鱼池搭配泥鳅时,泥鳅的产量也不低。

A. 主养滤食性鱼类:在主养滤食性鱼类的池塘中混养泥鳅时,在不降低主养鱼放养量的情况下,放养一定数量的泥鳅。要注意的是,在鱼鸭混养的塘中绝对不能混养泥鳅。

B. 主养草食性鱼类:草食性鱼类所排出的粪便具有肥水的作用,肥水中的浮游生物正好是鲢鱼、鳙鱼的饵料,俗话说“一草养三鲢”,主养草食性鱼类的池塘一般会搭配有鲢鱼、鳙鱼,同时也可以搭配泥鳅养殖。

第二节　鱼种池塘套养模式

一、混养原理

这种模式主要适合于鱼种培育为主而且规模较大的养殖场，鱼种塘一般具有面积不大、池水不深、水质较好等特点，在充分利用有效水体和不影响鱼种生长的情况下，适当套养泥鳅，既可消灭池中小杂鱼，又可增加经济收入。

二、池塘条件

池塘大小、位置、面积等条件应随主养鱼类而定，但混养泥鳅的池塘必须是水源充足、水质良好且无污染的水体，pH 值在 6.5～8.5，溶氧在 5 毫克/升以上，池塘中必要时要配备增氧机或其他增氧设备。

池塘要有良好的排灌系统，一端上部进水，另一端池底部排水，进排水口都要有防敌害、防逃网罩。

三、主养鱼类

适于和泥鳅进行套养混养的主养鱼类主要是不争饵料、不争空间的草鱼、鳊鱼、鲢鱼、鲮鱼和鳙鱼等，不能和鲶鱼、乌鳢等肉食性鱼类套养，也不宜和与它争水域地盘的罗非鱼、鲤鱼、鲫鱼等套养。如果利用面积在 10 亩以上的池塘养殖泥鳅，建议采用立体养殖或者网箱养殖泥鳅，可以增加水体利用率，提高单位面积产量，增加整体效益。

四、泥鳅放养

1. 放养时间

泥鳅的放养时间一般在4月中下旬进行，几乎与鱼种下塘的时间相同。

2. 放养品种

泥鳅品种以选择黄斑鳅为最好，以灰鳅次之，不投青鳅苗。

3. 放养密度

若投放规格为6厘米的泥鳅，放养量为每亩可套养0.8万尾；体长3厘米左右的鱼种，每亩套养0.5万尾左右。要注意的是，同一池中放养的鳅种要求规格均匀整齐，大小差距不能太大，以免大鳅吃小鳅。

4. 放养时的处理

鳅种放养前用3%～5%的食盐水消毒，以降低水霉病的发生，浸洗时间为5～10分钟；用8～10毫克/升的漂白粉溶液进行鱼种消毒，当水温在10～15℃时浸洗时间为20～30分钟，杀灭泥鳅鱼种体表的病原菌，增加抗病能力。

五、饲料投喂

根据放养量池塘本身的资源条件来看，一般不需投饵，如发现鱼塘中确实饵料不足可适当投喂泥鳅专用饵料，在投喂泥鳅饲料时要注意先喂主养鱼后喂套养的泥鳅。

六、日常管理

1. 每天坚持早、晚各巡塘一次，早上观察有无鱼浮头现象，如浮头过久，应适时加注新水或开动增氧机，下午检查鱼吃食情况，以确定次日投饵量。另外，酷热季节，天气突变时，应加强夜间巡塘，防止意外。

2. 适时注水，改善水质，一般15～20天加注新水一次，天气干旱时，应增加注水次数，如果鱼塘载体量高，必须配备增氧机，并科学使用增氧机。

3. 定期检查鱼生长情况，如发现生长缓慢，则须加强投喂。

第三节　鱼苗池套养泥鳅

一、池塘选择

鱼苗池塘要求水质较肥，水体透明度在25厘米左右，池塘保持水深1.2米以内，最好有浅坡、浅滩，坡比1∶1.5～1∶2。在投放苗种前，池塘要经过严格消毒，使池中既没有敌害生物，也没有肉食性鱼类如鳜鱼、乌鳢、鲶鱼等。

二、主养鱼类

根据泥鳅的特性和鱼苗培育的特点来看，主养鲢、鳙鱼苗的池塘套养泥鳅效果是比较好的。

三、放养前准备

泥鳅苗种放养前7～10天，要进行池塘消毒工作，2天后施肥并加水。另外，为了防止泥鳅逃逸，塘口四周要埋设密网。

四、泥鳅放养

经过药物消毒的池塘，1周后当轮虫大量出现时即可同时投放泥鳅水花和花白鲢夏花，也可在主养品种投放前先培育泥鳅水花，选择晴天上午在上风口浅水处投放，每亩投放5万～10万尾。投放生长快、抗逆性好的优质黄鳅苗种。

五、饲养管理

鱼苗塘套养泥鳅，对于鱼苗的投喂管理应加强，实行投喂豆浆与有机粪肥相结合，操作方法与常规鱼苗一样。泥鳅饵料以沉性颗粒饲料或自配粉料为主，少投膨化颗粒饲料。

第四节 珍珠蚌养殖池混养模式

一、混养原理

这种养殖模式主要根据珍珠蚌与泥鳅的食性、栖息习性不同和珍珠蚌养殖池野杂鱼较多的特点而设计。这种套养模式对珍珠蚌的生长无影响，同时可充分提高池塘水体利用率，从而达到珠蚌和泥鳅双丰收。

二、池塘条件

池塘要选择水源充足、水质良好，水深为 1 米左右的养殖池塘。

三、放养时间

一般在每年的冬季或翌年 3 月前进行。

四、放养品种

泥鳅品种以选择黄斑鳅为最好，以灰鳅次之，不投青鳅苗。

五、放养密度

若投放规格为 6 厘米的泥鳅，放养量为每亩可套养 0.8 万尾；体长 3 厘米左右的鱼种，每亩套养 0.5 万尾左右。

六、放养时的处理

鳅种放养前用3%～5%的食盐水消毒，以降低水霉病的发生，浸洗时间为5～10分钟。

七、饲料投喂

根据放养量和池塘本身的资源条件来看，放养珍珠蚌的池塘是不需投饵的。

第五节　泥鳅和黄鳝套养

一、鳅鳝池的改造

饲养黄鳝、泥鳅的池子，要选择在避风向阳、环境安静、水源方便的地方，要求土质坚硬，将池底夯实，池深0.7～1米，水深保持在20～35厘米，池底需填充厚30厘米含有机质较多的肥泥层，有利于黄鳝和泥鳅挖洞穴居。建池时注意安装好进水口、溢水口。进水口、溢水口均用拦鱼网扎好，以防黄鳝和泥鳅外逃。

二、选好黄鳝、泥鳅种苗

水产养殖的种苗是关键，在养殖黄鳝和泥鳅等名优水产品时，它们的种苗更是关键。黄鳝种苗最好用人工培育驯化的深黄大斑鳝或金黄小斑鳝品种，不能用杂色鳝苗和没有通过驯化的鳝苗。黄鳝苗大小以每千克50～80条为宜，太小摄食力差，成活率也低。黄鳝放养20天后再投放泥鳅苗，泥鳅苗最好要人工养殖繁殖的，品种以黄鳅为主。

三、放养密度

以黄鳝养殖为主，泥鳅套养为辅，放养密度一般以每平方米放鳝苗1～1.5千克为宜。泥鳅放养的密度按黄鳝的1/10比例进行套养。

四、科学投喂

在鳝鳅套养时，主要是以投喂黄鳝为主，泥鳅在池塘里主要以黄鳝排出的粪便和吃不完的黄鳝饲料为食就完全可以满足它们的营养需求了，不必另外投饵。

人工池塘饲养黄鳝时主要以配合饲料为主，适当投喂一些蚯蚓、河蚬、螺蚌、黄粉虫等。投喂方法是按照"四定"原则进行，为了提高饲料的利用率和更好地查看鳝鳅的生长，可通过安装的饲料台进行投喂，饲料台用木板或塑料板都行，面积按池子大小自定，低于水面5厘米。

五、加强管理

黄鳝、泥鳅生长季节为4～11月，其中生长旺季为5～9月，在这期间的管理要做到"勤"和"细"，即勤巡池、勤管理、发现问题快解决；细心观察池塘的黄鳝和泥鳅的生长动态，以便及时采取相应措施。一是做好水质监管工作，保持池水水质清新，酸碱度pH值为6.5～7.5。二是保持水位适合，相对稳定，因为过深的水位对黄鳝的生长是不利的。

六、预防疾病

无论是黄鳝还是泥鳅，它们一旦发病，治疗效果往往不理想。因此必须坚持"无病先防，有病早治、防重于治"的原则，做好鳝鳅疾病的预防治工作。

一是定期用1～2毫克/升的漂白粉全池泼洒；二是定期用硫酸铜、鳝病灵等药物全池消毒，预防疾病；三是在每年春、秋季节用晶体敌百虫驱虫；四是一定要做好泥鳅的管理工作，因为在黄鳝养殖池里套养泥鳅，泥鳅在养殖池塘里上下蹿动，可吃掉水体里的杂物，能起到净化水质、增加溶氧的作用，对于黄鳝的疾病预防也是非常有好处的。

第六节　龟鱼螺鳅套养

龟大多喜欢潜居在水底，钻入泥中，或者上岸晒甲、活动，使养龟池的大量空间处于闲置状态。因此可利用龟池这种水体空间，在里面进行适当的龟鱼螺鳅套养，对控制龟的疾病，降低龟饵料的投放，降低养殖成本，增加收入是一条非常好的途径。

一、清塘消毒

在龟鱼螺鳅入养前，饲养池要进行一次彻底的消毒，清塘消毒的药物主要是生石灰、漂白粉、茶枯等，具体的使用方法与前文是一样的。

二、池塘建设

这种套养模式是以养龟为主，养殖鱼螺鳅为辅的，因此养殖池应严格按照养龟池要求设计建设。龟池的水位可维持在80厘米左右，当然了，一般的鱼塘也可改造成龟鱼鳅混养池，但因龟有爬墙凿洞逃逸的习性，泥鳅有非常强的逃逸能力，因此应在池塘四周筑起防逃墙，在进出水口用密网拦好，防止敌害和有害生物侵入。还要根据需要，修建饵料台、休息场及亲龟产卵场。

三、品种选择

龟类以七彩龟、黄喉水龟、草龟为好，鱼类以温水性非肉食性鱼类为主，如鲢、鳙、草、鳊鱼等，可充分利用水中的浮游生物。螺类以福寿螺和中华圆田螺为好，它们取食龟鱼鳅的粪及有机碎屑，泥鳅以从稻田水沟野外捕捉的黄鳅为好，如果是自己培育的就更好了，由于泥鳅喜食池中杂草及寄生虫，是水底清洁工，同时，仔螺幼鳅又是龟类最好的饵料。

四、龟鱼螺鳅的放养

幼龟每平方米 4～6 只，成龟 2～4 只，幼龟池可放养 5 厘米左右的小规格鱼种，用以培育大规格鱼种。成龟池和亲龟池则放养长 15 厘米左右的大规格鱼种，以养成商品鱼。田螺为每 100 平方米 25 千克，泥鳅每 100 平方米 5 千克左右。

五、科学投喂

这种套养方式的饲料投喂是以龟的投喂为主，在满足龟饲料的情况下，适当投喂一些鱼类饲料，如瓜果菜叶等，在水中也可养些水浮莲等植物，既可净化水质，又可供螺鳅食之。

龟和泥鳅一样，也是杂食性的，动物饲料包括猪肉、小鱼虾、牛肉、羊肉、猪肝、家禽内脏、蚯蚓、血虫、面包虫，植物性饲料包括菠菜、芹菜、莴笋、瓜、果等。还有一种就是大规模养殖时用的人工混合饵料，这是人工配制的，具有营养全面、使用方便的优点，像专用龟增色饲料、颗粒状饲料等。另外，由于螺鳅类繁殖的仔螺幼鳅又是龟最好的食物之一，因此龟的投饵要根据套养池内的天然饵料而定，投喂方法也要遵循“四定”的原则进行。

六、日常管理

一是加强巡塘，防敌害，防逃、防盗，观察龟鱼螺鳅活动情况，发现问题，及时处理。

二是管理以龟为主，在亲龟产卵季节，应尽量减少拉网次数，以免影响交配产卵，减少产卵量，给养龟造成经济损失。

三是鱼类的饲养管理与池塘养鱼方法一样，龟鱼鳅类混养的池塘，也要通过加强管理，为鱼和鳅创造良好环境。

四是在气候异常时，尤其在闷热天气时，可能会发生龟类不适而减少活动量，鱼类会出现浮头现象，严重时可造成泛塘死亡，泥鳅上窜下跳，到处翻滚，而螺会大量地贴在池边。为防止这些事故的发生，养殖者在气候异常时，应及时加注新水，平时少量多次追肥，维持水体适宜肥度，注意宁少勿多，保持水体的清洁度。

第七节　泥鳅和龙虾混养

这种养殖模式是利用两者生长的养殖周期不同而设计的，可充分利用水体空间资源和饵料资源，做到上半年养殖龙虾，下半年养殖泥鳅，具有养殖周期短、投入资金少、收入见效快的优点。

龙虾的养殖周期是从当年的9月份放养虾种开始，到第二年的7月份起捕完毕为止。龙虾从下塘就进入打洞和繁殖时期，基本上不在洞外活动，而此时正是泥鳅生长发育的大好时机。待进入龙虾的生长旺季和捕捞旺季的3～6月份，泥鳅正处于繁殖状态，可另塘培育。也可在龙虾池中轮养大规格的鳅种，让泥鳅在两三个月内就可以达到上市规格。

一、池塘条件

由于泥鳅和龙虾都喜欢栖息在浅水、静水的水域环境中，在浅水处的水草旺盛的地方更是多见，因此可利用原有蟹池或龙虾池，也可利用养鱼塘加以改造。池塘要选择水源充足、水质良好，水深为1.2～1.5米，水草覆盖率达25%左右。

养殖龙虾、泥鳅的池塘面积不宜过大，一般1～10亩为宜，东西走向，长宽比以5∶1或5∶2为宜，为了预防疾病的传染，池与池不可相通，每个池塘都要有独立的进排水系统，排水系统设在池塘比较低一点的位置，排水口离池底30厘米为宜，这样便于控制水位。池塘四周及进排水口处要设置防逃设施。

二、准备工作

清整池塘：主要是加固塘埂，夯实池壁，同时将浅水塘改造成深水塘，使池塘能保持水深达到2米以上。池底要保持15厘米左右的软泥，起保肥的作用，池底要保持平坦，略微向排水口一侧倾斜5～10厘米，这样的目的是为了能及时将池底的水排干净。

池塘消毒：消毒清淤后，每亩用生石灰75～100千克化浆全池泼洒，杀灭黑鱼、黄鳝及池塘内的病原体等敌害。

进水：在虾种或鳜鱼鱼种投放前20天即可进水，水深达到50～60厘米。进水时可用60目筛绢布严格过滤。

种草：投放虾种前应移植水草，使龙虾和泥鳅有良好栖息环境。种好草既可以为龙虾创造良好的栖息、蜕壳的环境，又能满足泥鳅、龙虾摄食水草的需要。水草培植一般可播种苦草、伊乐藻、轮叶黑藻、金鱼藻、水鳖草等。

投螺：投放螺蛳一方面可以净化底质，还可以及时补充部分动物性饵料，尤其是螺蛳刚刚繁殖出来的幼螺更是龙虾和泥鳅的可口饵料。放养螺蛳的数量控制在300千克/亩左右，供龙虾和泥鳅食用。

培肥：每亩池塘施用发酵的猪粪和大粪250千克，加水30厘米进行浸泡两天，使池塘的底泥软化，做到泥烂水肥。施肥的主要目的是培育饵料生物，从而使虾苗和鳅苗下塘后就能有充足、可口的天然饵料摄食。在饲养管理阶段，可根据水色的变化及时施加追肥，一般每10天左右追肥一次，具体的追肥量应按池塘水质的肥瘦而定。

三、苗种放养

龙虾的苗种放养有两种方式，一是放养2～3厘米的幼虾，亩放0.5万尾，时间在春季4月，可采用人工繁殖或从天然水域中捕捞的苗种，离水时间要短，当年6月就可成为大规格商品虾，另一种就是在秋季8～9月放养抱卵虾，亩放20千克左右，翌年4月底就可以陆续出售商品虾，而且全年都有虾出售，我们建议采用这一种方法。

在选择虾苗时，要选择体质健壮、个体比较均匀的虾苗，如果发现虾苗活动迟缓、脱水较严重或受伤较多时，就不要选用了，尤其是从农贸市场上收购的苗种，更要警惕，一定要小心检查他的质量。在苗种放养前一定要用3%的食盐水洗浴10分钟，然后缓缓地放在浅水区，任它们自行爬动，在倒虾苗时一定要注意动作要轻，速度要慢，切不可直接倒入池塘中，否则入池的苗种成活率会大大降低。

由于龙虾在生长发育的高峰期，它也是吃泥鳅的，因此在混养泥鳅时，最好避开龙虾的生长高峰期，因此泥鳅的养殖周期短，所以要选择大规格的鳅种来放养，适宜放养的苗种规格为400～500尾/千克，这种规格的体长约为6～8厘米，投放量为2万～3万尾/亩。泥鳅的苗种可以从泥鳅繁殖场采购、自己人工繁殖培育或从农贸市场收购优质苗种，要求规格整体、体质健壮、无病无伤的苗种，要注意的是在苗种放养时一定要用1%～2%的食盐消毒3～5分钟，也可用浓度为10毫克/千克的高锰酸钾溶液消毒10分钟。

四、饲料投喂

除人工培育天然饵料外，还要投喂人工配合饲料，大规格泥鳅饲料在配制时，要求蛋白质的含量控制在28%～30%，投喂量可按泥鳅体重的3%～5%，投喂次数应根据水温来确定，在25～30℃这个最适宜泥鳅生长的时间内，可投喂2次，时间分别在上午的10时和下午的17时，在其余的时间内投喂一次即可，在高温和低温情况下就要停止投饵。投喂饵料时要还要养成定点投喂的好习惯。另外，植物性饵料和动物性饵料要搭配得当，在水温20℃以下或32℃以上时，以植物性饵料为主，在水温介于20～30℃时，以动物性饵料为主。

投喂量则主要根据龙虾体重计算，每日投喂2～3次，投饵率一般掌握在5%～8%，具体视水温、水质、天气变化等情况调整。在养殖的全过程中，要搭配一定数量的新鲜的动物性饵料如新鲜的鱼虾、打碎的河蚌等，比例可占日投饵量的50%左右，以防小龙虾营养不良而造成虾体消瘦。投喂饵料时也是有讲究的，为了便于观察龙虾的摄食和蜕壳情况，可沿着池塘的浅水区投喂，一般是采取带状投喂，也可采取定点投喂，为了便于龙虾的取食，可每隔2米设立一个投料点。一般每天投喂两次，第一次在上午9时左右，投饵量占全天投饵量的30%，第二次为下午18时左右，投喂量占70%。

五、调节水质、水位

主要是加强水质管理，改善水体环境，使水质保持高溶氧状态。在龙虾或泥鳅苗种入池后，要适时、适量地追施发酵的有机粪肥，促进水草生长和培育饵料生物，每半月施一次生石灰水，用量为7.5～10千克/亩。在生长期间，一定要保持水位的相对稳定，生产实践表明，在水位经常变化的情况下，泥鳅和龙虾都会打洞，尤其是龙虾会掘很深的洞穴来隐藏，有时会直接影响堤埂的安全，长期在洞穴中生长的龙虾和泥鳅都会出现生长僵化、停滞的现象，形成早熟现象，个体也较小，直接影响上市规格，因此可以通过加水、排水的方法来控制水位和水温。

六、加强巡塘

每天要巡塘2～3次，一是观察水色，保持池水处于"肥、活、嫩、爽"的良好状态，注意龙虾和泥鳅的动态，检查水质的变化、观察龙虾和泥鳅的摄食与生长情况和池中的饵料是否有过剩。二是大风大雨过后及时检查防逃设施，由于龙虾和泥鳅的逃逸能力很强，尤其是在暴雨或连日阴雨时更会逃跑，因此要加强对防逃设施的检查，如有破损及时修补，如有鼠、蛙、蛇等敌害及时清除，并详细记录养殖日记，以随时采取应对措施。三是保持环境的相对稳定安静，否则会影响龙虾的摄食及蜕壳生长。四是池水过肥要及时开启增氧机来进行增氧。

七、病害防治

对泥鳅和龙虾疾病的防治主要以防为主，防治结合，重视生态防病，以营造良好生态环境从而减少疾病发生。平时要定期泼洒生石灰、磷酸二氢钙、强氯精等以改善水质，杀灭病菌。在养殖期间，龙虾很可能罹患纤毛虫病，一定要加以重视。投喂的饲料要新鲜没有变质的情况，在配合饲料中要适当添加一些光合细菌及免疫剂，以增强泥鳅和龙虾的免疫力。如果发病，用药要注意兼顾龙虾、泥鳅对药物的敏感性，对有机磷、敌杀死、除虫菊酯类等药物很敏感，在防病治病时要注意不能选用，就是在加水时也要注意查明水源情况紧防万一。

八、捕捞方法

捕捞工具基本上是可以通用的，都可以用地笼来捕捉，效果非常好，有时为了取得更好的效果，可以在地笼时加一些诱饵，例如动物内脏、熬过的骨头等。捕捞时间是不同的，泥鳅的时间是在10月上旬当水温在15～18℃时就开始捕捉了，而龙虾是在5月底就可以捕捉上市了。在捕捉时，先将地笼沉入池底，两端吊起，离水面约30～40厘米高，如果发现两端下沉时，就要及时倒出泥鳅和龙虾。

第八节　菱塘套养泥鳅

一、菱塘的选择和建设

菱塘应选择在地势低洼、水源条件好、灌排方便的地方。菱塘的选择要遵循三条原则：一是选择的塘口靠近水源，至少5年未种过菱角，以鱼塘改菱塘效果尤佳。鱼塘塘底淤泥深、肥，有机质含量一般在5%以上；二是有一定的排灌条件，枯水期水层保持在20～60厘米，汛期水深不超过150厘米，水位涨落平缓；三是水质清亮，无污染，无塘底杂草。菱塘的大小一般以5～10亩的菱塘为宜。

二、菱塘的处理

菱塘需消毒、翻土、施肥，平整塘底，夯实塘埂。利用冬季枯水季节，排干水，捞尽塘内杂草，割去塘埂四周枯草，冻晒底塘泥，有条件的可进行机械翻耕，达到消毒、灭菌、增温的作用。来年3月中旬,用1%的石灰水,泼浇塘底以及塘埂四周,进行进一步消毒。

三、菱角的品种选择

菱角的品种较多,有四角菱、两角菱、无角菱等,从外皮的颜色上又分为青菱、红菱、淡红菱3种。最好选用果形大、肉质鲜嫩的水红菱、南湖菱、大青菱等作为种植品种。

四、菱角播种

1. 播种时间

在天气稳定在12℃以上时播种,一般在清明前后播种为宜。

2. 直播栽培

经清塘、消毒后的菱塘,于播种前一周进水,并夯实塘埂漏洞。在1.2米以内的浅水中种菱,多用直播。播前先催芽,芽长不要超过1.5厘米,播时先清池,清除野菱、水草、青苔等。然后根据菱池地形,划成纵行,行距2.6～3米,每亩用种量20～25千克。播量过大,菱盘拥挤,既影响菱角产量,又影响水温的提高,不利于泥鳅生长。两头插竿牵绳作标志。然后用船将菱种沿线绳均匀撒入水中。菱角出田后,及早移密补稀,确保平衡生长。

五、泥鳅的放养

5月上旬放养泥鳅,每亩放养2000～3000尾。放养的泥鳅苗尽可能大一些,确保当年上市。在泥鳅苗种投放时,用3%～5%的食盐水浸浴苗种5分钟,以防疾病的发生。

疾病防治是以防为主,治疗为辅,在养殖期间,每隔20天左右将漂白粉兑水全池泼洒1次。

六、日常管理

在菱角的生长过程中，菱塘管理要着重抓好以下几点：

1. 建菱垄

等直播的菱苗出水后，或菱苗移栽后，就要立即建菱垄，以防风浪冲击和杂草漂入菱群。方法是在菱塘外围，打下木桩，木桩长度依据水深浅而定，通常要求入土30～60厘米，出水1米，木桩之间围捆草绳，绳直径1.5厘米，绳上系水花生，每隔33厘米系一段。

2. 除杂草

要及时清除菱塘中的槐叶萍、水鳖草、水绵、野菱等，由于菱角对除草剂敏感，必要时进行手工除草。

3. 水质管理

移栽前对水域进行清理，清除杂草水苔，捕捞草食性鱼类。为提高产品质量，灌溉水一定要清洁无污染。

播种至菱角出苗期，要建立水层管理，生长过程中水层不宜大起大落，否则影响分枝成苗率。移栽后到六月底，保持菱塘水深20～30厘米，增温促蘖，每隔15天换一次水。七月份后随着气温升高，菱塘水深逐步增加到45～50厘米。在盛夏可将水逐渐加深到1.5米。采收时，为方便操作，水深降到35厘米左右。若水位过高应及时排水，遇干旱水位偏低，要及时补水。从七月开始，要求每隔七天换水一次，保持泥鳅正常生长和确保菱塘水质清洁，在红菱开花至幼果期，更要注意水质。

4. 施肥

菱角用肥料应以有机肥为主、化学肥料为辅。以鱼塘改造的菱塘，淤泥深，塘底肥，一般不施基肥。栽后15天菱苗已基本活棵，每亩撒施5千克尿素提苗，促进开盘，一个月后猛施促花肥，每亩施磷酸二铵10千克，促早开花，争取前期产量。初花期可进行叶面喷施磷、钾肥，方法是在50千克水中加0.5～1千克过磷酸钙和草木灰，浸泡一夜，取其澄清液，每隔7天喷一次，共喷2～3次。以上午8～9时，下午4～5时喷肥为宜。等全田90%以上的菱盘结有3～4个果角时，再施入三元复合肥15千克，为结果肥。以后每采摘一次即施入复合肥10千克左右，连施三次，以防早衰。

值得注意的是每次施肥数量不能太多，以免造成泥鳅浮头、死亡。

5. 病虫害防治

菱角的虫害主要有菱叶甲、菱金花虫等，特别是初夏雾雨天后虫害增多，一般农药防治用80%杀虫单400倍、18%杀虫双500倍，如发现蚜虫用10%吡虫啉2000倍液进行喷杀。

菱角的病害主要有菱瘟、白烂病等，在闷热湿度大时易发生，防治方法一是采用农业防治，就是勤换水，保持水质清洁；二是在初发时，应及时摘除，晒干烧毁或深埋病叶，三是化学防治，发病用50%甲基托布津1000倍液喷雾或50%多菌灵600～800倍液喷雾，从始花期开始，每隔7天喷药一次，连喷2～3次。

七、采收

菱角采收，自处暑、白露开始，到霜降为止，每隔5～7天采1次，共采收6～7次。采菱时，要做到“三轻”和“三防”。“三轻”是提盘要轻，摘菱轻，放盘轻；“三防”是：一防猛拉菱盘，植株受伤，老菱落水；二防采菱速度不一，老菱漏采，被船挤落水中；三防老嫩一起抓。总之，要老嫩分清，将老菱采摘干净。

商品泥鳅在9月下旬开始捕捞。方法是在菱塘四周，沉下虾笼，第二天上午收获，最后应在10月中旬捕完，捕大留小。大泥鳅可立即销售，也可暂养起来，待机销售。

第九节 茭白池塘套养泥鳅

茭白池塘套养泥鳅是利用泥鳅与茭白一生均只需浅水位这一共性，在池塘中既种茭白又养泥鳅。茭白行、株距较宽，可为泥鳅提供足够的生活空间，盛夏高温季节，茭白叶宽且高挺、丛生繁茂，成为天然的遮荫棚，十分有利于泥鳅避暑度夏；泥鳅喜食水中细菌、小型寄生虫等动物性饵料，从而大大减少了茭白病虫害的发生，泥鳅的粪便又是茭白的优质肥料，从而可获得茭白、泥鳅双增产。茭白田套养泥鳅，是充分利用水资源、积极调整农村产业结构、增加农民经济收入的好项目。

一、池塘的选择

水源充足、无污染、排污方便、保水力强、耕层深厚、肥力中上等、面积在 1 亩以上的池塘均可用于种植茭白养泥鳅。

二、鱼坑修建

在茭白池中套养泥鳅，必须要预先开挖集鱼坑，开挖鱼坑的目的是在施用化肥、农药时，让泥鳅集中在鱼坑避害，在夏季水温较高时，泥鳅可在鱼坑中避暑；方便定点在鱼坑中投喂饲料，饲料投入鱼坑中，也便于检查泥鳅的摄食、活动及鱼病情况；鱼坑亦可作防旱蓄水等。鱼坑开挖的时间为冬春茭白移栽结束后进行，总面积占池塘总面积的 8%，每个鱼坑面积最大不超过 200 平方米，可均匀地多开挖几个鱼坑，开挖深度为 1.2～1.5 米，开挖位置选择在池塘中部或进水口处，鱼坑的其中一边靠近池埂，以便于投喂和管理。

进排水口呈对角设置，这样，在加注新水时，有利于池水的充分交换。进水经注水管伸入池塘中悬空注水，水管出水处绑一个长50厘米的40目筛绢过滤袋，防止野杂鱼、蝌蚪、水蜈蚣、水蛇等敌害生物随水进入田中。排水口安装密网眼铁丝网制成的高50厘米、宽60厘米的长方形栅栏，栅栏端高出田埂10厘米，其余三边各嵌入池埂10厘米。为防止暴雨时因排水口不畅而发生池水漫埂泥鳅逃跑，可在靠排水口一边的池埂上开设多个溢水口，溢水口同样安装牢固的拦鳅栅。

三、施足底肥

施底肥可用猪、牛粪1500～2000千克/亩，钙镁磷肥20千克/亩，复合肥30千克/亩。耙平耙细，肥泥整合，即可移栽茭白苗。

四、选好茭白种苗

在9月中旬～10月初，于秋茭采收时进行选种，以浙茭2号、浙茭911、浙茭991、大苗茭、软尾茭、中介壳、一点红、象牙茭、寒头茭、梭子茭、小腊茭、中腊台、两头早为主。选择植株健壮、高度中等、茎秆扁平、纯度高的优质茭株作为留种株。

五、适时移栽

在4～5月间母墩萌芽高33～40厘米时，茭白有3～4片真叶。将茭墩挖起，用利刃顺分蘖处劈开成数小墩，每墩带匍匐茎和健壮分蘖芽4～6个，剪去叶片，保留叶鞘长16～26厘米，减少蒸发，以利提早成活，随挖、随分、随栽。株行距按栽植时期，分墩苗数和采收次数而定，双季茭采用大小行种植，大行行距1米，小行80厘米，穴距50～65厘米，每亩1000～1200穴，每穴6～7苗。栽植方式以45度角斜插为好，深度以根茎和分蘖基部入土，而分蘖苗芽稍露水面为度，定植3～4天后检查一次，栽植过深的苗，稍提高使之浅些，栽植过浅的苗宜再压下使之深些，并做好补苗工作，确保全苗。

六、泥鳅的放养

鳅苗放养前 10 天左右，每亩用生石灰 15～20 千克或漂白粉 1～2.5 千克，兑水搅拌后均匀泼洒，杀灭池塘中的致病菌和敌害生物，如蛙卵、蝌蚪、水蜈蚣等。新建的鱼坑，一定要用清水浸泡 7 天后，再换新水浸泡 7 天后才能放鱼；旧坑按 0.25 千克/立方米放养鱼种，在鱼种投放时，用 3%～5%的食盐水浸浴鱼种 5 分钟，以防鱼病的发生。

在茭白池塘灌水前，每亩施经发酵过的有机粪肥 600 千克左右，均匀地施于鱼沟内。

茭白池塘套养泥鳅有两种模式，一是放养亲鳅，让其自繁、自育；二是放养鳅苗。放养亲鳅时，可选择体形好、个体大、无病无伤的成鳅作为亲鳅，于茭白移植成活后放养，一般亩放养量 10～15 千克，雌雄比例为 1∶1.5。

鳅苗以放养规格在 3 厘米以上的为好。放养时间选择在追施的化肥全部沉淀后，一般在茭白移植后 8～10 天，放养密度一般为每亩 8000～10 000 尾。放养前要用 20～30 尾进行“试水”，在确定水质安全后再放苗。无论是亲鳅还是鳅苗，放养前均须进行鱼体消毒。消毒方法是用 3%～5%的食盐水浸洗鱼体 10～20 分钟，具体消毒时间应视鳅鱼的体质而灵活掌握。

七、科学管理

茭白池塘套养泥鳅，饲养管理主要集中在施肥、投饲、水质调节和防逃防害等几个方面。

1. 水质管理

茭白池塘的水位根据茭白生长发育特性灵活掌握，即“浅—深—浅”的原则。茭白移植和泥鳅苗种放养初期，鳅幼苗矮，可以浅灌，因此在萌芽前灌浅水 30 厘米，以提高土温，促进萌发，栽后促成活，保持水深 50～80 厘米，使泥鳅始终能在茭白丛中畅游索饵，分蘖前仍宜浅水 80 厘米，促进分蘖和发根，至分蘖后期，加深至 100～120 厘米，控制无效分蘖。7～8 月高温期要适当提高水位或换水降温，宜保持水深 130～150 厘米，并做到经常换水降温，以减少病虫危害，雨季宜注意排水，在每次追肥前后几天，需放干或保持浅水，待肥吸收入土后再恢复到原来水位。

鱼沟、鱼溜中要定期泼洒生石灰进行消毒。要坚持每天巡塘，仔细检查池埂有否漏洞，拦鳅栅有否堵塞、松动，发现问题及时处理。发现蛙卵、水蜈蚣、水蛇等应及时清除；发现水鼠，可用毒鼠药诱杀。

2. 科学投喂

根据季节辅喂精料，如菜饼、豆渣、麦麸皮、米糠、蚯蚓、蝇蛆、鱼用颗粒料和其他水生动物等。投喂量一般为鱼虾体重的 5%～10%，采取“四定”投喂法。傍晚投料要占全日量的 70%。

3. 科学施肥

茭白植株高大，需肥量大，应重施有机肥作基肥。基肥常用人畜粪、绿肥，追肥多用化肥，宜少量多次，可选用尿素、复合肥、钾肥等，禁用碳酸氢铵；有机肥应占总肥量的 70%；基肥在茭白移植前深施；追肥应采用“重、轻、重”的原则，具体施肥可分 4 个步骤，在栽植后 10 天左右，茭株已长出新根成活，施第 1 次追肥，每亩施人粪尿肥 500 千克，称为提苗肥。第 2 次在分蘖初期每亩施人粪尿肥 1000 千克，以促进生长和分蘖，称为分蘖肥。第 3 次追肥在分蘖盛期，如植株长势较弱，适当追施尿素每亩 5～10 千克，称为调节肥；如植株长势旺盛，可免施追肥。第 4 次追肥在孕茭始期，每亩施腐熟粪肥 1500～2000 千克，称为催茭肥。

4. 茭白用药

应对症选用高效低毒、低残留、对混养泥鳅没有影响的农药，并严格控制安全用量，如杀虫双、叶蝉散、乐果、敌百虫、井冈霉素、多菌灵等。禁用除草剂及毒性较大的呋喃丹、杀螟松、三唑磷、毒杀酚、波尔多液、五氯酚钠等。慎用稻瘟净、马拉硫磷。粉剂农药在露水未干前使用，水剂农药在露水干后喷洒，切忌雨前喷药。施药后及时换注新水，严禁在中午高温时喷药。

孕茭期有大螟、二化螟、长绿飞虱，应在害虫幼龄期，每亩用50%杀螟松乳油 100 克加水 75～100 千克泼浇或用 90%敌百虫和 40%乐果 1000 倍液在剥除老叶后，逐棵用药灌心。立秋后发生蚜虫、叶蝉和蓟马，可用 40%乐果乳剂 1000 倍、10%叶蝉散可湿性粉剂 200～300 克加水 50～75 千克喷洒，茭白锈病可用1：800倍敌锈钠喷洒效果良好。

八、收获

1. 茭白采收

茭白按采收季节可分为一熟茭和两熟茭。一熟茭，又称单季茭，在秋季日照变短后才能孕茭，每年只在秋季采收一次。春种的一熟茭栽培早，每墩苗数多，采收期也早，一般在 8 月下旬至 9 月下旬采收。夏种的一熟茭一般在 9 月下旬开始采收，11 月下旬采收结束。茭白成熟采收标准是，随着基部老叶逐渐枯黄，心叶逐渐缩短，叶色转淡，假茎中部逐渐膨大和变扁，叶鞘被挤向左右，当假茎露出 1～2 厘米的洁白茭肉时，称为“露白”，为采收最适宜时期。夏茭孕茭时，气温较高，假茎膨大速度较快，从开始孕茭至可采收，一般需 7～10 天。秋茭孕茭时，气温较低，假茎膨大速度较慢，从开始孕茭至可采收，一般需要 14～18 天。但是不同品种孕茭至采收期所经历的时间有差异。茭白一般采取分批采收，每隔 3～4 天采收一次。每次采收都要将老叶剥掉。采收茭白后，应该用手把墩内的烂泥培上植株茎部，既可促进分蘖和生长，又可使茭白幼嫩而洁白。

2. 泥鳅越冬和捕捞

泥鳅在冬季销售市场较好，因此可在茭白采收后，加深水位至80厘米，让泥鳅自然越冬，越冬前在池四角投放成堆的畜禽肥，既可肥水又可发酵增温。泥鳅捕捞可采用冲水食饵诱捕法和干田捕捉等。

第十节　莲藕池塘套养泥鳅

泥鳅为杂食性鱼类，一方面它能够捕食水中的浮游生物和害虫，也需要人工喂食大量饵料，它排泄出的粪便大大提高了池塘的肥力，在鱼藕之间形成了互利关系，因而可以提高莲藕产量25%以上。

一、池塘准备

池塘要求光照好，土质肥沃，水源充足，水质良好，水的pH值6.5～8.5，溶氧不低于4毫克/升，没有工业废水污染，注排水方便，土层较厚，保水保肥性强，洪水不淹没，干旱时不缺水。池塘底泥厚30～40厘米，面积3～5亩，平均水深1.2米，东西向为好。在藕池施肥后整平，在淤泥10天以后泥质变硬时就可以开挖围沟、鱼坑，目的是在高温、藕池浅灌、追肥时为鱼提供藏身之地及投喂和观察其吃食、活动情况。围沟挖成“田”字形或“目”字形，沟宽50～60厘米，深30～40厘米，在围沟交叉处或藕田四周适当挖几个鱼坑，坑深0.8～1米，开挖沟、坑所取出的泥土用来加高夯实池埂。

二、安装拦鱼栅

在种植莲藕的池塘套养泥鳅，泥鳅非常容易逃跑，因此要进行改建，做好防逃工作。拦鱼栅安装在养鱼藕塘的注、排水口处，防止鱼类由进出水口逃出。拦鱼栅用竹箔或金属网制作，高度应高出池埂20厘米，呈弧形安装固定，凸面朝向水流。拦鱼栅孔目大小根据养鱼规格制定。注排水中如渣屑多或池塘面积大，可设双层拦鱼栅，里层拦鱼，外层拦杂物。

同时要对池埂层层夯实，埂边用木板或水泥板或塑料薄膜拦住，大小高低以铺满池埂为宜，并插入泥中深20～30厘米。

三、施足底肥，适时追肥

种藕前15～20天，每亩撒施发酵鸡粪等有机肥800～1000千克，耕翻耙平，然后每亩用80～100千克生石灰消毒。排藕后分两次追肥，第一次在藕莲生出6～7片荷叶正进入旺盛生长期时，第二次于结藕开始时，称为施催藕肥。一般第一次追肥多在排藕后25天左右，有1～2片立叶时亩施人粪尿1000～1500克。第二次追肥多在栽藕后40～50天，芒种前后有2～3片立叶并开始分枝时亩施人粪尿1500～2000千克，如二次追肥后生长仍不旺盛，半月后即在夏至前再追肥一次，夏至后停止追肥。施肥应选晴朗无风的天气，不可在烈日的中午进行，每次施肥前应放浅田水，让肥料吸入土中，然后再灌至原来的程度。追肥后泼浇清水冲洗荷叶，如肥不足，可追硫酸铵每亩15千克。

四、选择优良种藕

种藕应选择优良品种，如：慢藕、湖藕、鄂莲二号、鄂莲四号、海南洲、武莲二号、莲香一号等。种藕一般是临近栽植才挖起，需要选择具有本品种的特性，最好是有3～4节以上，子藕、孙藕齐全的全藕，要求种藕粗壮、芽旺，无病虫害，无损伤。

五、排藕技术

莲藕下塘时宜采取随挖、随选、随栽的方法，也可实行催芽后栽植。排藕时，行距 2～3 米，穴距 1.5～2 米，每穴排藕或子藕 2 枝，每亩需种藕 60～150 千克。

栽植时分平栽和斜栽。深度以种藕不浮漂和不动摇为度。藕头入土的深度 10～12 厘米。斜插时，把藕节翘起 20°～30°，以利吸收阳光，提高地温，提早发芽，要确保荷叶覆盖面积约占全池 50%，不可过密。

六、藕池水位调节

莲藕适宜的生长温度是 21～25℃。因此，藕池的管理，主要通过放水深浅来调节温度。排藕 10 余天到萌芽期，水深保持在 8～10 厘米，以后随着分枝和立叶的旺盛生长，水深逐渐加深到 25 厘米，采收前一个月，水深再次降低到 8～10 厘米，水过深要及时排除。

七、消毒杀菌

放养泥鳅鱼种前，每 667 平方米用生石灰 180 千克化水后全池泼洒，杀灭塘内野杂鱼和病原物。药效消失后每 667 平方米施有机肥 1000 千克，7 天后投放鱼苗。

八、泥鳅的放养

在莲藕池中放养泥鳅，放养时间及放养技巧和常规养殖是有讲究的，一般在藕成活且长出第一片叶后放鱼种，为了提高饲养商品率，每亩投放规格为 0.5 克/尾的泥鳅 6000～10 000 尾为宜，要求体壮、无病、无伤、大小均匀的泥鳅。鱼种下塘前用 3%食盐水浸泡 5～10 分钟。

九、泥鳅的管理

1. 投饵

泥鳅养殖过程中既要肥水，又要进行人工投饵。泥鳅放养后第三天开始投喂，可适当投喂麸皮、饼类、蚯蚓、动物内脏等，选择鱼坑作投饵点，每天投喂 2 次，分别为上午 7～8 时、下午 4～5 时，每天的投饵量为泥鳅体重的 3%～6%，具体投喂数量根据天气、水质、鱼吃食和活动情况灵活掌握。水温 15℃以上时泥鳅食欲逐渐增强，20～30℃是摄食的适温范围，25～27℃时食欲特别旺盛，超过 30℃或低于 15℃以及雷雨天可不投饲。定期向藕塘中倾泻发酵的粪水，一般每隔 1 个月追肥 1 次，每次每亩倾泻粪水 50～100 千克，以培养浮游生物做泥鳅的饵料，池水透明度控制在 15～20 厘米。进入 7 月份后，在池塘上方安装两盏诱虫灯。一盏为白炽灯，吊在藕叶上方 20 厘米处；一盏为黑光灯，吊在藕叶下、水面上 10 厘米处，两盏灯处在同一垂直线上。天黑后先开白炽灯，发现有大量虫蛾时，打开黑光灯，关闭白炽灯。半小时后，关闭黑光灯，再打开白炽灯。如此反复操作，诱蛾效果颇佳。

2. 巡田

对藕田进行巡视，是藕鱼生产过程中的基本工作之一。只有经过巡田才能及时发现问题，并根据具体情况及时采取相应措施，故每天必须坚持早、中、晚 3 次巡田。巡田的主要内容：观察鱼的浮头情况，查找鱼浮头的原因。检查田埂有无洞穴或塌陷，一旦发现应及时堵塞或修整。鱼沟、鱼溜有一定深度和宽度，在养殖期间水流畅通。检查水位，始终保持适当的水位。在投喂时注意观察鱼的吃食情况，相应增加或减少投量。防治疾病，经常检查藕的叶片、叶柄是否正常，结合投喂、施肥观察鱼的活动情况，及早发现疾病，对症下药。同时要加强防毒、防盗的管理，也要保证环境安静。

3. 注水

注水的原则是鱼藕兼顾，随着气温不断升高，在不影响莲藕生长的情况下，要尽可能及时加注新水，合理调节水深以利于藕的正常光合作用和生长。6 月初水位升至最高，达到 1 米。7～9 月，每 15 天换水 10 厘米，每月每立方米水体用生石灰 15 克化水泼洒一次。防病主要使用内服药物，每半个月喂含 0.2％土霉素的药饵 3 天。

4. 防病

在对莲藕进行病害防治时，注意要选用高效、低毒、低残留的无公害农药，并掌握正确的施用方法，同时要考虑农药不能对泥鳅的安全产生影响。莲藕的虫害主要是蚜虫，可用 40％乐果乳油 1000～1500 倍液或抗蚜威 200 倍液喷雾防治。病害主要是腐败病，应实行 2～3 年的轮作换茬，在发病初期可用 50％多菌灵可湿性粉剂 600 倍液加 75％百菌清可湿性粉剂 600 倍液喷洒防治。

在鱼病流行季节，每 20 天左右在围沟、鱼坑泼洒 10 毫克/升生石灰，预防泥鳅生病或投喂药饵，积极做好疾病的防治工作。

第八章 池塘微流水养殖泥鳅

一、微流水池塘条件

面积为667～2000平方米的家鱼成鱼饲养池稍加改造就可用于养殖泥鳅。一般以面积500～1000平方米的长方形鱼池比较理想。面积太大时，既增加了均匀投饲的难度，又浪费了水资源。

1. 鱼池结构

以砖石护坡、硬泥底质的鱼池最为理想。鱼池最好为泥底，"三合土"底质相对要差，底泥的厚度以15～25厘米为佳。水池要有进排水设施，排水阀能排底层水，且具备调节水位的功能。

2. 水深及水量

养殖池要求水深0.8～1.2米。所谓微流水，并非要求一天24小时都有水流进流出，只要日平均换水量能达到全池的15%～20%即可，当然，如水源充足，水量丰沛，长年有微流水入池那就更好。通常生产上可以每天注水2～3小时，也可以几天时间注换水1次。此外，池塘最好能安装增氧机，以利于节水和高产。

二、流水养殖的类型

依据水源和用水过程处理方法的不同，养殖方式有以下几种。

1. 自然流水养殖：利用江湖、山泉、水库等天然水源的自然落差，根据地形建成养殖池来养殖。自然流水养殖不需要动力提水，水不断自流，鱼池结构简单，所需配套设施很少，成本最低。

2. 温流水养殖：利用工厂排出的废热水、温泉水，经过简单处理，如降温、增氧后再入池，用过的水一般不再重复使用，这类水源是养殖泥鳅最理想的水条件。生产不受季节限制，温度可以控制，养殖周期短，产量高，目前我国许多热水充足的工厂、温泉区都在养殖。温流水养殖设施简单，管理方便，但需要有充足的温泉水或废热水。

3. 开放式循环水养殖：利用现有池塘、水库的充分水资源，通过动力提水，使水反复循环使用。因为整个流水养鱼系统与外源水相连，所以称为开放式循环水养殖。因为要动力保持水体运转，只适合小规模生产。

三、泥鳅放养

1. 放养密度

每年的5月以后是养殖户投放泥鳅苗的最好时间，泥鳅苗可以自己进行捕捉或者进行人工繁殖泥鳅苗。

流水池水流充足，溶氧丰富，放养密度比其他养殖方式大，但放养密度有一个限度，在这个限度内，放养密度越高，产量越高，超过这个限度，就会产生相反的效果。另外放养密度还与池塘的载鱼能力相关，亦即与池塘条件、苗种规格和饲养水平等因素有关。对于长年有微流水入池或有配套增氧机的池塘，放养密度可大些，一般可达每立方米水体放养1千克泥鳅苗左右。池塘条件较差的，可适当降低放养量。

在泥鳅放养前先用杀菌或杀虫药物浸泡、消毒鳅种，挑出受伤或体弱的苗后投放。

2. 放养规格

鳅种放养前要先进行大小分级处理,同一池要放养规格基本一致的泥鳅。确定放养鱼种的规格主要根据饲养到当年起捕时是否能达到商品规格。一般说来,规格越大,增重量也越大。从试验和生产结果看,泥鳅苗种的放养规格不应低于5厘米。

3. 苗种质量

第一,鳅种规格要整齐,体质健壮,没有病害,否则会造成泥鳅生长速度不一致,大小差别较大,影响出池;

第二,下池前要试水,两者的温差不要超过2℃,温差过大时,要调整温差;

第三,下池前,要对鱼体进行药物浸洗消毒,杀灭鱼体表的细菌和寄生虫,预防鱼种下池后被病害感染;

第四,搬运时的操作要轻,避免碰伤鱼体。

4. 搭配种类

可以套放一些滤食性鱼类和植食性鱼类如鲢鱼、鳙、鲂等,每667平方米放10～15尾,以减少饲料的浪费和溶氧的消耗,滤食相当数量的浮游生物,对改善池塘水质,保持水质活、嫩、爽有重要作用。

5. 清塘消毒

鱼种放养前必须严格清塘消毒,以消除发病隐患。所用药物以生石灰加漂白粉效果最好,用药量随池塘使用时间、底质、水源情况而定。一般为每667平方米池塘施生石灰150～250千克,再加漂白粉10～12.5千克。施药10～15天后即可试水放鱼。鱼种在放养前用溴氰菊酯西林药浴。

四、饲料投喂

泥鳅在不设饵料台饲养时,个体规格差异较大,因此成鱼池最好架设饵料台。饵料台可用竹材编制成圆形或长方形的筛框，底下铺一层聚乙烯纱窗布；也可用金属做框架，底面缝上聚乙烯纱窗布。饵料台的大小与周边的高度及滤水性能对饵料系数的高低有直接的影响，通常每个饵料台面积为 0.25～0.4 平方米、边高 0.25 米较合适。设置饵料台的个数与鱼池大小相关，一般 667 平方米左右的成鱼池至少应设 6 个饵料台。

泥鳅的人工饵料，有小杂鱼、鱼粉、动物内脏、蚕蛹、猪血、螺蚬蚌肉等动物性饵料以及谷、米糠、豆饼、麦麸、酱糟、菜饼等植物性饵料。可将这两类饵料按照一定的配合比例，做成软团投喂。参考配方：50%小麦粉、20%豆饼粉、10%米糠粉、10%鱼粉（或蚕蛹粉）、7%血粉、3%酵母粉。日投喂次数为 2～3 次，具体视水温情况而定，投喂时间在早晨和傍晚。日投喂量为鱼体重的 1.5%～3%，应做到定时、定量、定点、定质投喂。

五、日常管理

第一，养殖水体应维持一定的肥度，通常以水呈浅油绿色、透明度为 40 厘米左右为好。培养这种水色的关键是控制水中的浮游植物群必须以绿藻为主。同时要经常换水，保持较好的水质和较高的溶氧。在高温季节，每月用生石灰按每立方米水体 15 克的用量全池泼洒 1 次，每半月投喂 1 次抗菌药饵。

第二，溶氧若能维持在 5 毫克/升以上，则泥鳅的食欲旺盛，生长率与饲料利用率都最高；如溶氧降低到 2 毫克/升，摄食量将下降，对泥鳅的生长发育极为不利。

第三，池水的 pH 值对泥鳅的摄食、生长、疾病流行均有显著的影响。施用生石灰调节水质时不宜大剂量泼洒，每次的用量以每 667 平方米施 15～20 千克为宜，如达不到所需的 pH 值，次日可再施 1 次。

第四,池水温度调节。初夏适当降低池塘水位有利于升温。炎夏把池水加深到 1 米,再把注换水时间改为下半夜或清晨,池面圈养一些水生植物等,使水温维持在适宜的范围内,泥鳅可正常摄食和生长。

第五,饵料台及其周围的环境卫生直接影响泥鳅的摄食与病害的发生,所以每天必须清除残饵,洗刷饵料台并晾晒。饵料台周围要定期泼洒生石灰水消毒。

第九章　池塘网箱养殖泥鳅

池塘网箱养殖泥鳅是一种新型的特种水产养殖技术，具有投资省、占用水面少、规模可大可小、管理方便、生长速度快、放养密度大、成活率高、效益高等有利因素，同时又不影响养鱼产量，还能充分利用水体，大幅度提高经济效益，一般每平方网箱可产泥鳅 3 千克左右，利润 100 元左右，是农民增收的有效途径之一。

在较大面积的池塘中采用网箱养殖的方式进行泥鳅养殖的主要优点是水流通过网孔，使箱体内形成一个活水环境，因而水质清新，溶氧丰富，可实行高密度精养。

一、网箱养鳅的优势

采用网箱养殖泥鳅具有以下优势：

一是单个网箱投资较小。一般一口底面积为 10 平方米的网箱，制作成本在 200 元以内，一次性投入不大，而且还可使用 3 年左右。

但是如果是大面积网箱养殖时，网箱养泥鳅和所有养殖业一样同样存在风险，因为在网箱里的泥鳅是高度密集的，在遇到疾病、气候突然变化时所造成的损失也就很大。所以发展网箱养泥鳅，必须有敢于承担风险的思想准备。另外网箱养泥鳅一次性投入也比较高，如果使用钢制框架和自动投饵设备，造价还是不便宜的。另外，网箱养殖泥鳅，全是依靠投喂饲料，一日无粮，一天不长，所以 667 平方米产量若为 5 万千克，那么就要有 7.5 万千克饲料预支，这笔资金将不低于 40 万元。

二是方便在渔塘中开展泥鳅养殖。在渔塘中设置网箱，养鳅养鱼两不误，不占耕地，可有效利用水面，只要合理安排，对池塘养鱼没有明显影响，而且机动灵活、适应家庭养殖，便于均衡上市、储存，是农村致富的好门路。

三是有优良的水环境，网箱一般都设在水面宽广、水质清新的较大面积的池塘里，其环境要优于小池塘，溶氧量保证在5毫克/升以上，密集的泥鳅群体可以定时得到营养丰富的食物，又不必四处游荡，所以可以心宽体胖，长足身体。

四是泥鳅的养殖规模可大可小。在池塘中进行网箱养殖可根据自身的经济条件和技术条件，规模可大可小，可以从一只到十来只网箱，投资也可以从几百元到上万元。

五是操作管理简便。网箱是一个活动的箱体，可以根据不同季节在池塘的不同位置灵活布设，拆迁都十分方便。网箱养泥鳅劳动强度小，平时的养殖主要是投喂饲料和防病防逃，发现鱼病，可以统一施药。在养殖到一定阶段，也便于捕大养小，随时将够商品规格的泥鳅及时送往市场，这样一方面可以均衡鱼鲜上市，还疏散了网箱密度，让个体小的泥鳅快速长成。

六是水温容易控制。养泥鳅的网箱放置于较大的池塘中，既可以用浮水式网箱，也可以用沉水式网箱，由于网箱所处的水体较宽大，在夏季炎热时箱内的水温不会迅速上升，更不容易达到30℃以上的高温。

二、养殖用具

用于网箱养殖泥鳅的用具还是有讲究的，马虎不得。根据生产上的要求，这些养殖用具是不能缺少的。首先是养殖的主体，就是网箱和泥鳅苗种；其次是向网箱里喂食和定期检查、巡箱用的小船，进排水用的大口径三相水泵等服务性器材；再次是装运泥鳅的篓子、木桶、盆、箱等；第四是饵料鱼、饲料、把鱼绞碎用的绞肉机、用来冷冻饲料的冰柜等饲料方面的用具；最后就是还有一些其他附属用品，包括固定网箱用的沉子、毛竹、挂网箱的8～12号铁丝、药物等。

三、水域选择

只要那些水位落差不大、水质良好无污染、受洪涝及干旱影响不大、水体中无损害网箱的鱼类或水生动物、水深2米左右的池塘均可考虑设立网箱，无论是静水的池塘还是微流水的池塘均可设置网箱来养殖泥鳅。这些条件的好坏都将直接影响着网箱养殖的效果，在选择网箱设置地点时，都必须认真加以考虑。

1. 周围环境要求设置地点的承雨面积不大，应选在避风、向阳、阳光充足、水质清新、风浪不大、比较安静、无污染、水量交换量适中、有微流水、周围开阔没有水老鼠、附近没有有毒物质污染源的水域。

2. 水域环境水域底部平坦，淤泥和腐殖质较少，没有水草，深浅适中，长年水位保持在2米左右，最好能有微流水，流速0.05～0.2米/秒，池埂的横、纵向要有2米的宽度，便于人工活动操作。

3. 鱼池走向鱼池方向为东西向，这样可增加鱼池日照时间，溶氧充足，有利于鱼池中浮游植物的光合作用，对提供溶解氧有利，另外东西向对避风有好处，可减少南北风浪对池埂冲刷和网箱的拍打。

4. 水质条件养殖水温变化幅度在18～32℃为宜。水质要清新、无污染。溶氧在5毫克/升以上，其他水质指标完全符合渔业水域水质标准。

5. 管理条件要求离岸较近，电力通达，水路、陆路交通方便。

四、池塘网箱与设置

养鱼网箱种类较多，按敷设的方式主要有浮动式、固定式和下沉式三种。养殖泥鳅多用封闭式浮动网箱。

1. 池塘里网箱的规格

网箱一般为长方形或正方形，其体积大小因所养鳅苗多少而定，一般为10～20平方米左右为好，太大不利管理，而太小则相对成本较高。网箱高度为80～100厘米左右，一般网箱保持在水下50厘米、水上50厘米左右处。由于泥鳅的钻劲比较大，建议多采用双层网箱。

2. 网箱的构造与制作

网箱由网衣、框架、撑桩架、沉子及固器（锚、水下桩）等构成。网衣常用网片制成，网目规格为30目左右（0.3～0.5厘米），为无结节网片，即渔业上暂养夏花鱼种的网箱材料和规格。网箱可采用框架式网箱或无框架网箱，无框架网箱要将箱体用毛竹等固定，即在网箱的四角打桩，将网箱往四个方向拉紧，使网箱悬浮于水面中。网箱的底部固定很重要，一般用石笼或用绳索将网箱的底部固定。网箱上四角连结在支架的上下滑轮上，便于网箱升降、清洗、捕鳅。

3. 网箱密度

网箱可并排设置在池塘中，群箱架设还要考虑箱与箱的间距和行距，一般间距要求在1米左右，行距在2米左右，两排网箱中间搭竹架供人行走及投饲管理。

限制池塘设立网箱数量的主要因素是水质。一般情况下，静水池塘设立网箱的总面积以不超过池塘总面积的30%为宜；有流动水的池塘，其网箱面积可达池塘总面积的50%，但同时应依据以下几方面情况而综合考虑面积的增减：池塘水源好，排换水容易，可多设；池塘内不养鱼或养鱼密度低可多设；养殖耐低氧鱼类（如鲫鱼）的池塘可多设。反之，则应适度控制网箱的设立面积。若网箱设置过密，易污染水质，病害易发生。

4. 网箱设置：在水深0.8米以上的池塘中，新做的网箱还应提前放入水中几天待其散发出来的有害物质消失后才能进行下一步操作。网箱在苗种入箱前5～7天下水，有利于鳅种进箱前在箱内形成一道生物膜，能有效避免鳅种摩擦受伤。

网箱放置深度，根据季节、天气、水温而定；春秋季可放到水深30～50厘米，7、8、9三个月天气热，气温高，水温也高，可放到60～80厘米深。

五、放养前的准备

1. 饲料要储备

泥鳅进箱后1～2天内就要投喂，因此，饲料要事先准备好。饲料要根据泥鳅进箱的规格进行准备，如果进箱规格小，未经驯食或驯食不好，应准备新鲜的动物性饲料；反之，进箱规格大，已经驯食，应准备相应规格的人工颗粒饲料。

2. 安全要检查：网箱在下水前及下水后，应对网体进行严格的检查，如果发现有破损、漏洞，马上进行修补，确保网箱的安全。

3. 设置水草：网箱在挂好之后需配置水草，4～5月份就可以放水草了，最好是水花生、水葫芦等，具体用哪种草可以因地制宜，其覆盖面积应占网箱面积的70%～85%，把水葫芦撒放在网箱里，根须浸入水中即可，尽量多放，一般5天之后水草就能直立起来，为泥鳅的生长栖息提供一个良好的环境，供泥鳅遮荫、栖息。

六、鳅种放养

1. 鳅种的来源与选择

网箱养殖泥鳅，种苗是关键。鳅种的来源有二个，一是在每年的4～10月在稻田和浅水沟渠中用鳅笼捕捉。二是从市场上采购。无论是自捕还是购买，都以笼捕为好，钩捕、钩钓或电捕的鳅种因体内有伤，成活率极低，即使不死，生长也极其缓慢，故一定要挑选无病无伤的鳅种放养。

泥鳅的品种有好几种，建议在网箱养殖时还是选择黄鳅为宜，要求体壮、无病、无伤、大小均匀。

2. 鳅种放养

鳅种放养时，一只网箱一次性放足，一般每平方米可放养规格3～5厘米的鳅种1～2千克，每只网箱放养20～40千克。鳅苗放养时要消毒，采用药物浸泡，消毒时水温差应小于2℃，可用二氧化氯彻底消毒，浓度为1克/立方米。由于泥鳅有相互残食的习性，故放养时规格要尽量整齐一致为宜。

七、科学投喂

泥鳅以肉食性为主，主要饲料是蚯蚓、蝇蛆、河蚌肉、昆虫、蚕蛹、田鸡、猪血块、小鱼虾等，辅加豆腐渣、饼渣等植物性饲料，将动物性饲料搅碎后与植物性饲料配合制成糊团状。养殖时应根据当地的饲料来源、成本等因素，选择1～2种主要饲料。在规模化养殖时，还是建议先驯养，再使用配合饲料。

泥鳅幼苗放入网箱后1～3天不喂食，目的是让鳅种体内食物全部消化成为空腹，使其处于饥饿状态。从第4～7天开始投喂饲料，并进行驯食，如果驯化不成功就会导致养殖的失败，刚开始时以每天下午6～7时投喂饲料最佳，此时泥鳅采食量最高。经过驯食，逐步达到一天投饲2次，上午9时、下午18时各1次，两次投喂量分别为日投喂量的1/3和2/3。日投喂量掌握在体重的3%～5%。投放的饲料要新鲜，网箱中部分剩余的腐烂发臭的饲料应及时清除，否则易引发肠炎病。

具体每次投喂量的多少或是否投喂要根据“四看”来灵活掌握。一看天气：天气晴，水温适宜（21～28℃）可多投，阴雨、大雾、闷热天气，少投或不投；秋冬水温低，还可稍喂些精饲料。二看水质：池塘或网箱中，水呈油绿、茶褐色，说明水体溶氧量多，可多喂饲料；水色变黑、发黄、发臭等，说明水质变坏，宜少投或不投饲料，并要及时采取相应措施。三看泥鳅大小：个体大，投饵多，个体小，投量少，并随个体生长逐渐加投饲料。四看吃食情况：所投料在1小时吃完，说明摄食旺盛，下次投量应增加数量；如果没有人为和环境因素影响，2小时后饲料还剩余很多，说明饲料投量过大，下次应减少投量，并要注意检查泥鳅是否发病。

八、养殖管理

在池塘中用网箱养泥鳅的成败，在很大程度上取决于管理。一定要有专人尽职尽责管理网箱。实行岗位责任制，制订出切实可行的网箱管理制度，提高管理人员的责任心，加强检查，及时发现和解决问题等都是非常必要的。日常管理工作一般应包括以下几个方面。

1. 巡箱观察

网箱在安置之前，应经过仔细的检查，鳅种放养后要勤做检查，检查时间最好是在每天傍晚和第二天早晨。方法是将网箱的四角轻轻提起，仔细察看网衣是否有破损的地方，如有破损，要及时缝补。同时要观察泥鳅的动态，有无疾病的发生和异常等情况，检查了解泥鳅的摄食情况和清除残饵，一旦发现蛇、鼠、鸟应及时驱除杀灭。保持网箱清洁，使水体交换畅通。

2. 控制水质

网箱区间水体pH值7～8，以适应其生产习性。养殖期应经常移动网箱，20天移动一次，每次移动20～30米远，这对防止细菌性疾病发生有重要作用。要经常清除残饵，捞出死鱼及腐败的动、植物、异物，并进行消毒。

3. 防逃

网箱养鳅在防逃方面要求特别细致，粗心大意会造成泥鳅逃跑导致损失。

我们通过在生产中总结，在池塘中用网箱养殖泥鳅，可能导致它逃跑的原因有以下几点：一是网箱本身加工粗糙，给泥鳅造成逃跑的机会，因此在最初加工制作网箱时，一定要力求牢固，网布连接缝合要求有2～3条缝线，网箱缝制时上下缘有绳索，底部四角尤其要牢固。二是网箱本身有破损，因此在网箱下水前再仔细检查，看是否有洞或脱线。在日常巡塘时就要经常检查网箱是否完好，发现破漏及时修补。三是固定网箱不牢固造成的逃跑事件，因此固定网箱的木柱及捆绑的绳索要牢固结实，以防网箱被风刮倒而逃鳅。四是溢水式逃跑，主要针对固定式网箱，它在池塘急速加水或遇到暴风骤雨时，由于水位突然升高，泥鳅就会逃跑。五是蛇害和鼠害，尤其是鼠害最严重，它会咬破网箱而导致泥鳅的逃跑，因此要及时消灭池塘中的水老鼠。可在网箱四周放若干束长头发吓鼠，效果颇佳。六是防止人为破坏，平时要处理好养殖场的人际关系，做到和谐养殖、和谐发财。

4. 预防疾病与敌害

在池塘中用网箱养殖泥鳅，密度大，一旦发病就很容易传播蔓延。做好泥鳅疾病的预防，是网箱养殖成败的关键之一。按照“以防为主、有病早治”的原则进行病害防治。鱼病流行季节要坚持定期以药物预防和对食物、食场消毒。在网箱内利用滤食性鱼类、水草、换水等来调控水质进行生态防病，如发现死鳅和严重病鳅，要立即捞出，并分析原因，及时用高效、低毒、无残伤的药物进行治疗。

九、捕捞

捕捞网箱中的泥鳅是很简单的，提起网衣，将泥鳅集中一块，即可用抄网捕捞。因为网箱起网很简单，因此，可以根据市场的需求随时进行捕捞，没有达到上市规格的可以转入另一个网箱中继续饲养。

第十章 泥鳅其他的池塘养殖技术

第一节 沼渣、沼液养殖泥鳅

沼肥包括沼渣和沼液，它含有铜、铁、镁、锰、锌等微量元素，还含有赖氨酸、蛋氨酸、烟酸和核黄素等营养成分，利用沼肥养殖泥鳅可以改善鳅池的营养条件，促进浮游生物的繁殖生长，实现泥鳅的增产增效，同时可以改善鳅池的生态环境，使水中的溶解氧增加，可以减少鱼病的发生。

一、选址建池

为了更有利于泥鳅的养殖，在选址建设养殖池时就要充分考虑各种因素，主要考虑选择水源有保障、排灌方便、背风向阳、靠近沼气池出料口的地方建池。为了便于管理，可将泥鳅养殖池建设在房前屋后，池的大小可因地制宜，一般面积在 10～20 平方米左右，池深应在 1.2 米，池壁用石灰或砖砌好，并用水泥抹面；并建专门的进出水口，进出水口设置铁丝网以防其逃跑；地上方应建好蔽阴棚，架设好诱虫灯。

二、水草培育

可在养殖池中栽种或放养水草如水葫芦等，也可以栽种水生植物如慈姑等，丰富的水草一方面会吸引丰富的水生动物，有利于为泥鳅提供饵料；另一方面在池中投放的水草漂浮在水面，为泥鳅遮阳隐蔽，夏热时节不仅可以吸收强紫外线对泥鳅的直接照射，还可调节水温，另外水草根系发达，不仅给泥鳅提供了良好的栖息场所，而且还可净化水质，改善饲养池内的整个生态环境。水草覆盖面积占水面的 2/3 左右。

三、清池消毒

建好养殖池后，一定要对养殖池进行消毒后才能用于放养泥鳅，可用漂白粉或生石灰进行消毒，具体用量和方法同前文。同时可以将建池时清除的水草和有机肥堆铺在池沼的向阳岸的半水坡边，使其腐烂，用以培养水蚤来肥水。

四、投放鳅种

首先要判断养殖池是安全的才能放鳅种，可以通过测验池水的 pH 值是否降到 7 以下，或观察有无水蚤活动，或把几十条泥鳅放入池水中安装好的捆箱内试养，若泥鳅在箱内一天活动正常，即可放养鳅苗。

其次是选购苗种，人工繁殖或者野生的鳅苗均可用来饲养，鳅苗应无伤、无病、体健活泼。

再次就是鳅种放养，每平方米放养 3～4 厘米的鳅苗 30～50 尾为宜。

最后就是要注意两条，一是鳅苗放养前应放入 3%～5%食盐溶液中浸浴 10 分钟，以达到杀菌消毒的作用，二是放养规格不能相差太大，以免出现大吃小的现象。

五、合理投饵

泥鳅在饲养过程中，除施沼渣、沼液培育天然的浮游生物饵料外，还可适量投喂螺蛳、蚯蚓，以及豆腐渣、米糠、酒渣和嫩植物的茎叶等饵料。日投饵量占泥鳅总体重的比例分别是：3 月为 1%，

4～6 月为 4%,7～8 月为 10%,9～10 月为 4%。投饵要坚持四定:池内搭饵台,把饵料投放在饵台上;定时,每天早、晚各投料一次;定位,池内应新鲜、无腐烂发霉;定量,以投饵后 2～3 小时吃完为宜。在饲养周期中,晚上利用诱虫灯诱虫作鳅鱼的补充饲料。

六、补充投放沼液

沼渣、沼液应视水质轮流投放,从沼气池中抽出的沼液可直接使用,但放置 3 小时以上使用效果会更好,沼渣用作鱼池基肥时,可每平方米投放沼渣 250 克左右;用作追肥,需用水或沼液调制成含固体物浓度 1%的肥液再投放。一般每周 1 次,每平方米每次用量不超过 500 克。在具体掌握上,追肥追施的时间、用量,要根据季节、气候变化和鱼池水质灵活安排,其主要指标是水色透明度,若水色透明度大于 30 厘米便要追施,小于 20 厘米则不宜追施。每次追施应选择在晴天上午进行。

七、防止缺氧

利用沼液养殖泥鳅,由于是用有机肥进行养殖,因此池子里的溶解氧含量会经常变化,首先要经常观察池水水质的变化,一般水质以黄绿色为宜;其次是如果发现泥鳅常常蹿出水面呼吸或向池面跳跃,说明池水过肥,水中可能有严重的缺氧现象,这时要采取措施及时补救,注入新水,放掉老水;再次是在闷热或雷雨天气,更要注意勤注新水,及时增氧,有条件的还可安装增氧机增氧,以防死鳅。

八、防治病害

坚持"预防为主"的方针,建立健全防病机制,加强日常管理,勤打扫清洗好鱼体、食台、工具的消毒。定期检查鱼体,投喂预防鱼病的药物。

常见的病害有肤霉病和腐鳍病。可用10～15微克/毫升抗生素溶液浸浴病鳅10分钟，或者用1毫克/升浓度的漂白粉（含有效氯25%～30%）全池泼洒。

常见的寄生虫有车轮虫、舌杯虫等。这些寄生虫寄生在鳅苗身上会引起死亡，病鱼体会出现体表黏液增多、离群独游、漂浮水面、食欲减退等症状。此时对病鱼应及时镜检体表黏液，在低倍镜视野下观察约有50个车轮虫或者舌杯虫，可用0.7毫克/升硫酸铜全池泼洒。

常见的敌害主要有鼠、蛇，要经常巡池，发现就要立即捕杀。

第二节　池塘无土养殖泥鳅

一、池塘无土养殖的优势

自然水域的泥鳅总生活在有淤泥的环境中，泥土无疑就是给泥鳅一个隐蔽的栖息空间、传统泥鳅养殖的方法或采用有土池塘、稻田养殖泥鳅，或人工营造一个淤泥环境供泥鳅栖息、生长。无土养殖泥鳅就是通过人为的提供一个可供泥鳅钻入栖息的无泥土的养殖环境，促进泥鳅更好更快地生长。与传统的有土养鳅相比，池塘无土养殖具有以下的几个优点：

1. 养殖密度高

无土养殖泥鳅，由于采用新颖的养殖技巧，可以将同一水体开发出多层次的空间，有土养殖就好像平房，养的泥鳅有限，而无土养殖就像在同一地面上盖的楼房，每层都可以养泥鳅，因此养殖密度就变大了，较有土养殖泥鳅，其养殖密度提高了4倍。

2. 干净卫生

在人工养殖泥鳅时，由于是高密度的养殖，势必要加大饲料的投喂量。饲料目前主要是以沉性饲料为主，淤泥非常脏，特别是中后期淤泥非常脏，饲料常常被淤泥污染。大量剩余的饲料在泥里边，泥发酵后必然带来很多副作用，产生许多有毒、有害物质，影响水质，泥塘的水质一旦恶化，就很难恢复了，水质的恶化也势必会引起产量下降。

而无土养殖池里面是没有泥土的，即使饲料沉积在底部，也可以及时将它们捞上来，减少腐败变质而影响水质的可能性。

3. 养殖环境得到改善

无土养殖的池子小，投料方便，换水也容易，不仅省水，还可以避免泥土带来的副作用，养殖环境大大改善。

4. 方便捕捞

在有土养殖时，水体空间的利用率低，泥鳅到了冬季就会钻到泥里了，导致采捕时的效率不高。而无土养殖时，由于没有泥土供它们钻洞，所以在捕捞时，只要用网子往池底部一兜，就很少有漏网的泥鳅了，捕捞不但方便，而且捕捞率几乎达到100%。

总之，无土养殖解决了捕捞不方便、劳动强度大、起捕率不高的问题，为大规模生产泥鳅开辟了广阔的前景。

二、养殖池选择与建设

养殖场地要选择交通方便、电力有保障、水质良好、有温水的地方更佳，可以通过调节水温使泥鳅一直处在最适水温条件下生长。

顾名思义，无土养殖泥鳅的养殖池不可能是用土池的，只能用砖块砌成的水泥池，或将池子底部铺着专用的硬质薄膜，池子一般长5米，宽4米，面积在20平方米左右，水深40厘米，可多池并排建成地下式或地上式等，但每池应有独立的进水和排水系统，以利于防病。

池塘四周壁高80厘米，并用水泥抹平，壁顶用砖横砌成T字形压口，用以泥鳅防逃和水蛇进入，池壁顶下15厘米处安直径

10 厘米溢水管,呈双 T 型(溢水管、排水管的方向与排水沟应在同一边)。水泥池一边池壁顶下 10 厘米设直径 10 厘米进水管,另一边池底设直径 8 厘米排水管并安开关 1 个,排水管处池内下挖 30 厘米深、面积 3 平方米的长方形集鱼坑,以便泥鳅夏天避暑和捕捞方便。进水管、溢水管、排水管、管口要用纱窗包好。排水沟留在两池之间,沟宽 20 厘米,沟深约 30 厘米。

三、水泥池处理

老的水泥池在使用前要进行检查,不能出现破损、漏水的现象,并用药物进行消毒后方可用于泥鳅的放养。

新建的水泥池不能直接用于泥鳅培育,必须进行脱碱处理方可使用,脱碱的方法可以用以下的几种方法:一是用醋酸洗刷水泥池表面,然后注满水浸泡 3～4 天;二是将水泥池加满水后,放上一层稻草或麦秸秆,浸泡一个月左右使用;三是将水泥池注满水后,浸泡 3～4 天,换上新水再浸泡 3～4 天,反复换 4～5 遍清水就可以了。

四、非泥土介质

由于养殖池中没有泥土,因此需要在池子里添加一些多孔塑料泡沫或木块、水草等非泥土介质,方便泥鳅钻入洞孔从而有栖息、隐匿的空间。既可多层次立体利用水体,又便于捕捞商品鳅。常用的非泥土介质包括以下几类。

1. 细沙

这是无土养殖泥鳅早期使用的介质,类似于泥土,但比泥土干净卫生,现在已经不多用了。

2. 多孔塑料泡沫

这是目前运用较多的一种介质,由于来源方便,加上轻便耐用,所以使用范围较广。可选择厚度为 15～20 厘米的塑料泡沫,长度、大小没有特别的要求，在上面每隔5～7厘米钻数个直径为2厘米的孔洞。然后将若干个已经钻好孔的塑料泡沫重叠在一起，形成一个大的立体状，好像人类的高楼大厦一样，最后是将这些塑料泡沫加以固定，让它浮在水面以下，但不露出水面。

3. 多孔管

可以在池中放置一些多孔管或塑料管，这些管子长25厘米、孔径2厘米左右，先将10根管子扎成一排，然后垒放在池子里，可以垒放3至5层。

4. 多孔木块或混凝土块

这类介质与多孔塑料泡沫效果差不多，同样需要在木块上钻孔供泥鳅栖息，多孔木块或混凝土块的大小、厚度、间距与多孔塑料泡沫一样，每3块板叠成一堆后铺排在水中，从底往上排，每平方米水面下放一堆。混凝土空心砖由市场上购买而得，规格为39厘米×19厘米×15厘米。用时将它成纵列竖立排在池底上，每平方米放3块。

5. 秸秆介质

就是先在池底铺上一层厚约15厘米的禾秆或麦秆，上面覆盖几排筒瓦并相互固定好，然后再在上面放一层秸秆和一层瓦片。

也可以直接用秸秆捆，把经选择好的、没有霉烂、晾干的玉米秸或高粱秸、芝麻秆和油菜秆等秸秆，用10号铁丝扎成捆，每捆直径为40～50厘米。用钢钎或木棒在它上面捣一些孔径为5～8厘米的洞，绑上沉石，将它平沉池底，每2平方米放一捆。

6. 水草介质

这是目前应用最广泛、使用效果最好的一种无土介质了，在养鳅池中放水花生、水葫芦等水草，漂浮在水面，不仅为泥鳅遮阳隐蔽，夏热时节吸收强紫外线对泥鳅的直接照射，为泥鳅降温防暑；水草根系发达，不仅给泥鳅提供了良好的栖息场所，泥鳅躲在草根里，可以吃点嫩芽、嫩根，还可调节水温，净化水质，改善池内的生态环境。水草的覆盖面积占水面总面积的 2/3 左右,为泥鳅提供了一个良好的栖息场所。

湖南农学院曾谷初等研究人员曾做过泥鳅饲养池无土介质模式试验,经试验得出:不同的无土介质,对泥鳅的成活率和生长速度有较明显的影响,其中以用水草作介质的养殖效果最佳。因此,可以直接用水草放在水中进行泥鳅的无土养殖,特别是大规模养殖时,对泥鳅的生产过程易管理,易操作,管理适当,泥鳅的生长速度和成活率都将有很大的提高。

五、水质控制

在池塘中进行无土养殖泥鳅时,对水质的要求比较严格,这是因为由于没有底泥的自净作用,所以养殖池水完全依靠外来水质的优良供应。

由于无土养殖泥鳅整个生长时期全部在水中,要求水质肥爽清新,不要有异味、异色。夏天生长旺季且气温较高,要经常加注新水,如果有微流水不断流入更好。

除了定期换冲水外,目前还利用某些微生物将水体或底质沉淀物中的有机物、氨氮、亚硝态氮分解吸收,转化为有益或无害物质,而达到水质(底质)环境改良、净化的目的。这种微生物净化剂具有安全、可靠和高效率的特点。目前这一类微生物种类很多,通称有益细菌,在养殖泥鳅时最常用的有光合细菌、芽胞杆菌、EM原露等。

在使用这些有益菌时,应注意以下事项:一是严禁将它们与抗生素或消毒剂同时使用;二是为使水体中保持一定浓度,最好在封闭式循环水体中应用或施用后 3 天内不换水或减少其换水量。

六、科学投喂

无论是无土养殖的哪种方式,都要进行科学投喂,投喂的饵料和投喂方式与常规泥鳅的养殖是一样的。

第三节　泥鳅的大棚养殖

用大棚养泥鳅是指在秋季泥鳅大量上市、价格较低时收购体质健壮、无病无伤的泥鳅进行养殖，冬季放入塑料大棚内进行反季节养殖，在元旦、春节期间泥鳅价格高时出售，以赚取季节差价，可获取十分可观的收益，具有周期短、泥鳅越冬成活率高的优点。

一、建池

大多数养殖户进行泥鳅的大棚养殖时，多选择在庭院中修建土池或水泥池进行养殖，建池时可依各自庭院而定，养殖池可建成地下式、地上式或半地下式。温棚水源充足，东西走向，长方形，背风向阳，池壁光滑，无粗面。温室四周铺设增氧设施，在其中的一侧配备一个净化池。单池面积以 100～150 平方米为宜，池深 1.2～1.5 米，水深 0.8～1 米。

养鳅池池中要有完善的进排水系统，距池底 30 厘米处设排水口，并安装防逃设施。池中适当放一些水花生等水生植物，池上搭建大棚遮阴，天冷后棚上盖草帘保温。

二、温棚安装

按蔬菜大棚搭设方法搭建，有单层或双层结构，材料可选用竹竿，有条件者可用钢筋结构，另外需备适当稻草席或帘，冬季覆盖在塑料大棚上，以利保温。

三、放养泥鳅

1. 鳅种的来源

泥鳅苗种由周围的稻田收购，放苗前进行筛选，同规格的泥鳅放在同一池塘中，要求鱼种无病无伤，游动活泼，体质健壮，平均规格为350尾/千克。

2. 放养前的处理

首先是对鳅池的处理。在放养泥鳅前，事先在池底铺放肥泥，约20厘米厚，在放养前10～15天清整消毒鳅池。7天后，加水20～30厘米，每平方米放入畜禽粪肥0.3～0.5千克，然后加水至40～50厘米。数天后当水色呈黄绿色、水的透明度为15～25厘米时，投放泥鳅。

其次是对鳅种的处理。放养前，要用2%～4%的食盐水浸洗泥鳅5～10分钟，防止水霉病，消除体表寄生虫。

3. 放养密度

泥鳅投放密度为1千克/平方米，有条件的可以保持池内有微流水，此时放养的密度就可以相应增加到1.5千克/平方米。特别要注意泥鳅入池时避免温差过大，以免造成泥鳅感冒而引起死亡。

四、科学投喂

投放鳅种苗3天后开始少量投饵。泥鳅的天然饵料有轮虫、小型甲壳类、桡足类、水生昆虫、螺蛳、蚯蚓、动物内脏、藻类、米糠、豆渣等。但是在进行反季节养殖时，投喂以人工配合的浮性饵料为主，饲料的主要成分有：鱼粉、豆粕、麦麸、玉米、黏合剂、饲料添加剂等，蛋白质含量为32%，另以天然水生浮游动物饵料为辅。在大棚里投喂颗粒饲料时，可进行逐步诱食，经驯化，泥鳅能够对投饵形成条件反射时加大投饵量，投饵量逐步增加到泥鳅体重的3%～4%。每天投饵4次，上午6时、11时，下午14时、18时，投饵量分别各占日投饵量的30%、20%、15%、35%。泥鳅在水温超过30℃时，摄食量锐减，所以高温季节要及时注水，调节水温，以利于摄食。水温>30℃或<10℃时可不投饲料。晴天水质清爽时多喂，阴雨天少投或不投，每天还要根据天气、水温、水质和泥鳅的

活动情况决定投喂量。

最有效的方法是每天数次观察泥鳅摄食情况，用网布做成1平方米左右的食台放适量饵料，放在池底，过半小时取出，观察摄食速度，再放回到原地，1小时后再取出，看有没有剩余，如有剩余适当减少，无剩余适当增加投饵量。通过这样的方式，及时调整摄食量。

五、水质管理

在饲养中，应注意施肥，每隔4～5天向鳅池泼洒粪肥1次，每平方米50～100克，保持水体透明度15～25厘米，并及时换水，鳅池每周换水2次，每次换水30厘米。若池内有微流水条件者，无须常换水，但要防止水质恶化。

对大棚里的池水还要定时充氧，溶解氧保持在5毫克/升以上，高温季节每隔15天使用由酵母菌、光合细菌等生物制剂1次，浓度为10毫克/升。

六、大棚管理

冬季及早春，在晴天上午10点至下午3点，取下塑料棚上覆盖的稻草，其余时间再把稻草盖在棚上保温；夏季取下大棚塑料薄膜，在池中浮植水花生等水生植物来遮阳；秋季及晚春，把塑料薄膜覆盖上，晚上把稻草席盖在薄膜上。

七、日常管理

坚持巡塘，做好记录，每隔20天对泥鳅的生长情况检查一次，根据检查结果，调节水质及饲料投喂量。对于泥鳅的疾病防治，坚持“以防为主”的原则，采取池塘消毒、水质消毒、投喂药饵等措施防治鱼病。

第四节 池塘微孔增氧养殖泥鳅

溶解氧是养殖鱼、虾、蟹等水生动物生存的必要条件，溶解氧的多少影响着养殖水生动物种类的生存、生长和产量。采用有效的增氧措施，是提高池塘养殖单位产量和效益的重要手段。

一、池塘微孔增氧的概念

池塘微孔增氧技术就是池塘管道微孔增氧技术，也称纳米管增氧，是近几年涌现出来的一项水产养殖新技术，是国家重点推荐的一项新型渔业高效增氧技术，有利于推进生态、健康、优质、安全养殖。

微孔管增氧装置是利用三叶罗茨鼓风机通过微孔管将新鲜空气从水深 1.5～2 米的池塘底部均匀地在整个微孔管上以微气泡形式溢出，微气泡与水充分接触产生气液交换，氧气溶入水中，能大幅度提高水体溶解氧含量，达到高效增氧、提高产量的目的，现已广泛应用于水产养殖上。

据有关研究资料，鱼类在溶氧 3 毫克/升时的饵料系数，要比 4 毫克/升时增大 1 倍，生长在溶氧 7 毫克/升中的鱼生长速度比生长在溶氧 4 毫克/升中的鱼快 20%～30%，而饵料系数低 30%～50%。当水中溶氧量达到 4.5 毫克/升以上时，鱼的食欲增强极为明显；达到 5 毫克/升以上时，饵料系数达到最低值。因此可以这样说，池塘中溶氧的状况是影响泥鳅摄食量及饲料食入后消化吸收率，以及生长速度、饵料系数高低的重要因素。所以，增氧显得尤为重要，使用增氧机可以有效补充水塘中的溶解氧。一般用水车式增氧机的池塘，上层水体很少缺氧，但却难以提供池底充足氧气，所以缺氧都是在池塘底部。池塘微孔增氧技术正是利用了池塘底部铺设的管道，把含氧空气直接输到池塘底部，从池底往上向水体散气补充氧气，使底部水体一样保持高的溶解氧，防止底层缺氧引起的水体亚缺氧，同时它也会造成水流的旋转和上下对流，将底部有害气体带出水面，加快对池底氨、氮、亚硝酸盐、硫化氢的氧化，抑制低部有害微生物的生长，改善了池塘的水质条件，减少了病害的发生。在主机相同功率的情况下，微孔增氧机的增氧能力是叶轮式增氧机的3倍，为当前主要推广的增氧设施。

二、池塘微孔增氧的类型及设备

1. 点状增氧系统

又称短条式增氧系统，就像气泡石一样进行工作，在增氧时呈点状分布，具有用微孔管少、成本低、安装方便的优点。它的主要结构是由3部分组成，就是主管—支管—微孔曝气管。支管长度一般在50米以内，在支管道上每隔2～3米有固定的接头连接微孔曝气管，而微管也是较短的，一般在15～50厘米。

2. 条形增氧系统

就是在增氧时呈长条形分布，比点状增氧效率更高一点，当然成本也要高一点，需要的微管也多一点，曝气管总长度在60米左右，管间距10米左右，每根微管约30～50厘米，同时微孔曝气管距池底10～15厘米，不能紧贴着底泥，每亩配备鼓风机功率0.1千瓦。

3. 盘形增氧系统

这是目前使用效率最高的一种微孔增氧系统，也是制作最复杂的系统，在增氧时，氧气呈盘子状释放，具有立体增氧的效果。使用时用4～6毫米直径钢筋弯成盘框，曝气管固定在盘框上，盘框总长度15～20米，每亩装3～4只曝气盘，盘框需固定在池底，离池底10～15厘米。每亩配备鼓风机功率为0.1～0.15千瓦。

无论是哪种微管增氧系统，它们都需要主机，是为池塘的氧气提供来源的，因此需要选择好。一般选择罗茨鼓风机，因为它具有寿命长、送风压力高、送风稳定性和运行可靠性强的特点，功率大小依水面面积而定，15～20 亩(2～3 个塘)可选 3 千瓦一台，30～40 亩(5～6 个塘)可选 5.5 千瓦一台。总供气管架设在池塘中间上部，高于池水最高水位 10～15 厘米，并贯穿整个池塘，呈南北向。总管后面一般接上支管，然后再接微管。

三、微孔增氧的合理配置

在池塘中利用微孔增氧技术养殖泥鳅时，微孔系统的配置是有讲究的，根据相关专家计算，1.5 米以上深的每亩精养塘约需 40～70 米长的微孔管(内外直径 10 毫米和 14 毫米)。在水体溶氧低于4 毫克/升时，开机曝气 2 个小时能提高到 5 毫克/升以上。

对于微管的管径也有一定的要求，如水深 1.5～3 米的露天养殖水体，用外直径 14 毫米、内直径 10 毫米的微孔管，每根管长度不超过 50 米；工厂化养殖水体，水深 3～4 米的，用外直径 14～14.5 毫米，内直径 10 毫米微孔管，管长不超过 50 米；水深 1.5 米以下的大水面，用外直径 17 毫米，内直径 12 毫米的微孔管，管长不超过 60 米。

四、微管的布设技巧

利用微孔增氧技术，强调的是微管的作用，因此微管的布设也是很有讲究的，这里以一家养殖泥鳅的池塘为例来说明微管的布设技巧。这口池塘水深正常蓄水在 1 米，要求微管布在离池底 10 厘米处，也可以说要布设在水平线下 90 厘米处，这样我们可用两根长 1.2 米以上的竹竿，把微孔管分别固定在竹竿的由下向上的 30 厘米处，然后再向上在 90 厘米处打一个记号，再后两人各抓一根竹竿,各向池塘两边把微孔管拉紧后将竹竿插入塘底,直至打记号处到水平为止。在布设管道时,一定要将微管底部固定好,不能出现管子脱离固定桩、浮在水面的情况发生,这样就会大大降低了使用效率。要注意的是充气管在池塘中安装高度尽可能保持一致,底部有沟的池塘、滩面和沟的管道铺设宜分路安装,并有阀门单独控制。如果塘底深浅不在一个水平线上,则以浅的一边为准布管。

五、安装成本

微孔管道增氧系统的安装成本,大概可分为 4 个档次,各养殖户要根据自己的经济状况和养殖面积来合理选择安装档次。一是用全新的罗茨鼓风机与纳米管搭配,安装成本 1300～1500 元/亩;二是用旧罗茨鼓风机与纳米管(包括塑料管)搭配,安装成本800～1000 元/亩;三是用旧罗茨鼓风机与饮用水级 PVC 搭配,安装成本 500～600 元/亩;四是旧罗茨鼓风机与电工用 PVC 管搭配,安装成本 300～500 元/亩。

六、使用方法

在泥鳅池塘里布设微管的目的是为了增加水体的溶氧,因此增氧系统的使用方法就显得非常重要。

一般情况下,我们是根据水体溶氧变化的规律,确定开机增氧的时间和时段。4～5 月,在阴雨天半夜开机增氧;6～10 月的高温季节每天开启时间应保持在 6 小时左右,每天下午 16:00 时开始开机 2～3 小时,日出前后开机 2～3 小时,连续阴雨或低压天气,可视情况适当延长增氧时间,可在夜间 21:00～22:00 时开机,持续到第 2 天中午;养殖后期,勤开机,促进泥鳅的生长。

另外在晴天中午开 1～2 小时,搅动水体,增加低层溶氧,防止有害物质的积累；在使用杀虫消毒药或生物制剂后开机，使药液充分混和于养殖水体中，而且不会因用药引起缺氧现象；在投喂饲料的2小时内停止开机，保证泥鳅吃食正常。

七、微孔增氧养殖实际效果

采用微孔增氧技术养殖泥鳅，池塘水质稳定，减小了泥鳅的应激反应，泥鳅的规格大而整齐、病害少、品质好、增重显著。在养殖过程中很少生病。成活率高达90%，增重1.5倍以上，提高经济效益20%左右。

第五节 泥鳅的囤养

随着笼捕、电捕等捕捞工具的发展，造成对泥鳅野生资源的滥捕，使泥鳅的自然资源受到极大的破坏，日见匮乏，自然种源逾来逾少，规格越来越小。囤养泥鳅，对规格偏小的泥鳅进行短期催肥暂养，既可以提高上市规格，又可以调节市场，投资小，产量高，收益快，风险相对较小。因此在城郊有许多泥鳅专业囤养户，巧赚地区差价、季节差价，经济效益十分可观。

一、囤养池的构建要科学

囤养池宜选择地势稍高的向阳、背风处和无污染的地方修建泥鳅池，要求水源充足、水质良好，有一定水位落差，利于进水和排水；池子的面积以10～20平方米为宜，便于实行精养，池深以0.4～0.6米最适合；根据笔者的调查认为，一般农户尚未形成规模时，以土池为佳，一方面土池容易构建，成本低，另一方面水泥池在夏天易积聚温度，造成池内聚温超过池外温度3～5℃，极易发生泥鳅被烫死现象；池子建好后，在池底上铺设一层30厘米的带水草的泥土。

在养殖条件成熟或经济基础较好时，可用水泥池来囤养，池壁用红砖或石块砌成，水泥浆抹面，并力求保持光滑，池子以圆形为佳，池壁上方砌成向内突的防逃檐，池底为黄黏壤土，并夯锤结实，池底应呈锅底型，排水沟设在池底，排水口设置于池底中央处。池底层铺上机织网片，网片上面均匀地铺垫油菜、玉米秸秆，使其自然厚度在15～20厘米，同时，撒上少量生石灰，然后铺垫20厘米厚的硬泥和10厘米厚的淤泥。根据泥鳅囤养池的大小，进水管可用直径为1.8毫米的钢管8～12个，按同一方向（与池壁成15°的角度）等距安装在池壁上，高出池底40厘米。而溢水口则安装在池上方，过水面为20厘米×30厘米，用20目的尼龙绢布做拦栅。新建造的泥鳅囤养池在使用前要进行去碱处理，方法是先注满水，待4～5天排干后重新注入新水，反复2～3次，就可将壁上水泥的碱性消除。

泥鳅是变温动物，为了安全度夏，必须在泥鳅囤养池上方架设荫篷。具体做法是用毛竹做骨架，沿池种上丝瓜或玉米等高秆植物，形成一个具有遮阴、降温、对鳅池有增氧功能的绿色屏障。

二、选择健康泥鳅苗种

用于囤养的泥鳅最好能够弄清其来源，目前用于囤养效果较好的泥鳅来源依次是：笼捕、网捕、徒手捕捉，药物毒捕的泥鳅千万不要用来暂养，否则会有"全军覆没"的危险。

首先要剔除用药物毒捕的泥鳅，主要从其精神状态和活动情况来辩别；其次是体表黏液丧失过多的泥鳅也不宜收购，不要入池囤养；再次是体表带寄生虫的泥鳅必需先经杀虫后方可入池；第四是囤养的泥鳅最好选择黄鳅，而且要求无伤无病、肌肉肥厚、体格健壮、体表无寄生虫、活动正常；第五由于泥鳅在个体规格相差悬殊时，会发生大吃小的现象，因此应将泥鳅苗种按大、中、小 3 个级别进行筛选，分别放入池中分级囤养。

放养规格最好为 100～120 尾/千克，放养量为 8～10 千克/立方米。

三、避免泥鳅身体受伤

放养泥鳅前，捡净池中的玻璃、铁皮等尖锐碎块，以免泥鳅钻穴时擦伤皮肤；泥鳅表皮黏液是它防御细菌侵袭的有效保护层，在运输和放养的操作中，要尽量小心，避免用干燥、粗糙的工具接触，保持泥鳅体表的湿润；捕捉泥鳅不要用力捏挤鳅体，防止鳅体遭受机械损伤，给病原体造成可乘之机。

四、搞好鳅体消毒

即使是健壮的泥鳅，也难免带有一些病原体，所以从外地采购、捕捉的鳅种在放养前，必须放在 3%～4%的食盐水溶液中浸洗 5 分钟，或在 20 毫克/升的漂白粉中洗浴 20 分钟后再入池饲养。

五、清池消毒要做好

投放泥鳅苗种前，要彻底清池消毒，消灭病原体和其他敌害，每 10 平方米池面用生石灰 1 千克，化浆后趁热全池泼洒，或用 20 克漂白粉化浆后遍洒，并搅动池水，使其分布均匀，待药性完全消失后(约 7～10 天)，再放入鳅种，如果是新建水泥池，在使用前必需先用 3‰浓度的小苏打溶液浸泡 3～5 天，并冲洗干净。

六、饵料要鲜活无毒

泥鳅入池第 2 天即可开始投饵，做好饵料和食物的消毒工作，投喂清洗干净的鲜活饵料，不投腐烂变质的食物。泥鳅喜食鲜活蚯蚓、小鱼虾、黄粉虫、蚕蛹、蛆虫等动物性饵料，但在正常生产中，如此大量的鲜活饵料难以保证供应。为此必须采取驯食的方法。

泥鳅的驯食必须从早期抓起，一般待泥鳅苗种下池 20 天，对新的生活环境有所适应后，便开始驯食，驯食的具体操作程序是：早期用鲜蚯蚓、黄粉虫、蚕蛹等绞成肉浆按 20%的比例均匀掺拌入甲鱼或鳗鱼饵料中投喂，驯食前最好停食 1～2 天，驯食效果更佳。驯食成功后，可逐渐减少动物性饵料的配比，并按照“四定”的科学方法投喂，根据泥鳅具有晚上觅食的生活习性；投饵可在傍晚(下午 6～7 时)和清晨(5～6 时)分 2 次定时投喂。每次投饵量常可参照池内水温情况而灵活掌握，当水温在 14～20℃时，投饵量为泥鳅苗种体重的 3%～5%，当水温达 20～28℃时，投饵量为其体重的 7%～10%；在生长旺盛期投饵量一定要满足泥鳅的摄食需要，譬如傍晚时分投喂的饵料在当晚吃完为好，不要过夜，否则，既浪费饵料，又污染水质；如饵料缺乏会导致泥鳅的相互残食，影响产量。动物性饵料一定要讲究新鲜，人工配合饵料要注意营养的全面，严防霉烂变质。每口泥鳅囤养池可用水泥板作饵料台 2～3个，将饵料投喂于饵料台上。

养殖期间在鳅池荫篷架上挂电灯一只，灯泡离水面 40 厘米左右，夜间利用灯光诱集昆虫以利泥鳅捕食。

七、水质调节

小水体囤养泥鳅，其实也是一种精养方式，因此水质调节是关键。鳅池的水深保持 30 厘米左右为宜，并要求水质新鲜洁净，溶氧量充足，pH 值 6.8～7.8，为调节水质，在养殖初期每隔 3～4 天定期更换池水的 1/3。7 月中旬以后是生长旺盛期，随着泥鳅个体的增长，摄食量的增加，排泄物的大量沉积，极易污染水质，这期间除定期更换池水外，还要求鳅池保持有常流水，以促其快速生长发育，在更换池水时将进、排水管同时打开（排水管用钢丝网作拦栅），使池内水体作旋转流动，将池内一些残饵及排泄物集中从排水口排出。在夏秋高温季节，为防止池水突变，于鳅池中投放适量的水葫芦、水浮莲或水花生等水生植物，并用竹架控制其占池水面的1/3。为调节水体中的pH值，每隔15～20天泼洒0.7克/立方米浓度的生石灰浆。

八、定期杀菌消毒

常用大蒜、洋葱头捣碎拌食，有利于杀菌；5～9月间，定期用5克/平方米的漂白粉化浆洒在食场周围，进行食场消毒，预防疾病。

九、创造良好的生存环境

泥鳅囤养池蓄水不宜太深，太深不利于泥鳅呼吸，而且易消耗体能，影响生长；鳅池水位一般控制在20～35厘米，这样的水位在夏季高温时，水温上升较快，易烫死泥鳅，另一方面鳅池较浅，就需要经常换冲水，避免水质污染发臭。因此，夏季遮荫降温是泥鳅囤养管理的主要内容，可在鳅池四周种植高杆植物，池内栽种1/4的柔软的水草，池角搭设丝瓜、南瓜棚，在池中放些水葫芦、水浮萍，为泥鳅营造舒适的安全的生存栖息环境。

十、及时销售

囤养的目的是利用时间差、地区差来赚钱，一旦条件成熟就要及时销售，囤养泥鳅的起捕一般在春节前后。起捕前，要清除池中杂物和烂泥。如果池泥较硬，可注水将其浸透变软，再进行捕捉。起捕时，可先将一个池角的泥土清出池外，然后用双手逐块翻泥进行捕捉，而不宜用锋利的铁器挖掘，避免碰伤鳅体。最后将剩下的泥土全部清出作肥料用，来年饲养或囤养时再换上新土。捕得的泥鳅都要用水冲洗干净，再暂养在水缸等容器内，一天换水2～3次，待泥鳅体内食物排出，即可起运销售。暂养开始时和24小时后各投放青霉素30万单位。

当然对于囤养的泥鳅也不要一味地追求所谓的高价格，防止与泥鳅大规模上市时造成冲突，从而影响售价。

只要认真采取了以上几点预防措施，就会防患于未然，确保泥鳅囤养的成功。

第十一章　泥鳅疾病的防治

第一节　泥鳅发病的原因

一、泥鳅生病的综合作用

根据鱼病专家长期的研究和我们在养殖过程中的细心观察表明，泥鳅发生疾病的原因可以从内因和外因两个方面进行分析，因为任何疾病的发生都是由于机体所处的外部因素与机体的内在因素共同作用的结果。在查找病源时，不应只考虑某一个因素，应该把外界因素和内在因素联系起来加以考虑，才能正确找出发病的原因。根据鱼病专家分析，鱼病发生的原因主要包括致病生物的侵袭、鱼体自身因素、环境条件的影响和养殖者人为因素等共同作用的。

二、致病微生物的种类

常见的泥鳅疾病多数都是由于各种致病的生物传染或侵袭到鱼体而引起的，这些致病生物称为病原体。能引起鱼类生病的病原体主要包括真菌、病毒、细菌、霉菌、藻类、原生动物以及蠕虫、蛭类和甲壳动物等，这些病原体是影响泥鳅健康的罪魁祸首。在这些病原体中，有些个体很小，需要将它们放大几百倍甚至几万倍后才能看见，鱼病专家称它们为微生物，如病毒、细菌、真菌等。由于这些微生物引起的疾病具有强烈的传染性，所以又被称为传染性疾病。有些病原体的个体较大，如蠕虫、甲壳动物等，统称为寄生虫，由寄生虫引起的疾病又被称为侵袭性疾病或寄生虫病。

三、敌害生物的威胁

在泥鳅养殖时，有些能直接吞食或直接危害泥鳅的敌害生物，如池塘内的青蛙会吞食泥鳅的卵和幼苗，池塘里如果有乌鳢生存，喜欢捕食各种小型鱼类作为活饵，尤其是在它繁殖季节，一旦它的产卵孵化区域有鱼类游过，乌鳢亲鱼就会毫不留情地扑上去捕食这些鱼，因此池塘中有这些生物存在时，对养殖品种的危害极大，要及时予以捕杀。

根据我们的观察及参考其他养殖户的实践经验，认为在池塘养殖时，鱼类的敌害主要有鼠、蛇、鸟、蛙、其他凶猛鱼类、水生昆虫、水蛭、青泥苔等，这些天敌一方面直接吞食幼鱼而造成损失；另一方面，它们已成为某些鱼类寄生虫的宿主或传播途径，例如复口吸虫病可以通过鸥鸟等传播给其他鱼类。

另外一些藻类如卵甲藻、水网藻等对鱼类有直接影响。水网藻常常缠绕幼鱼并导致死亡；而嗜酸卵甲藻则能引起鱼类发生“打粉病”。

四、水温失衡是泥鳅生病的重要因素

泥鳅是冷血动物，体温随外界环境尤其是水体的水温变化而发生改变，所以说对泥鳅的生活有直接影响的主要是温度。当水温发生急剧变化，主要是突然上升或下降时，泥鳅机体和体温由于适应能力不强，不能正常随之变化，就会发生病理反应，导致抵抗力降低而患病。鱼类对温度的适应能力因鱼种、个体发育阶段的不同，差别较大，一般不宜超过 3℃，例如亲鱼或鱼种进温室越冬时，进温室前后的水的温差不能相差过大，如果相差 2～3℃，就会因温差过大而导致鱼类“感冒”，甚至大批死亡。还有一点需要注意的就是虽然短时间内温差变化不大，但是长期的高温或低温也会对鱼类产生不良影响，如水温过高，可使鱼类的食欲下降。因此，在气候的突然变化或者鱼池换水时均应特别注意水温的变化。

五、水质关系到泥鳅的生长

鱼类生活在水环境中，水质的好坏直接关系到鱼类的生长，好的水环境将会使鱼类不断增强适应生活环境的能力。如果生活环境发生变化，就可能不利于鱼类的生长发育，当鱼类的机体适应能力逐渐衰退而不能适应环境时，就会失去抵御病原体侵袭的能力，导致疾病的发生，因此在我们水产行业内，有句话就是“养鱼先养水”，就是要在养鱼前先把水质培育成适宜鱼养殖的“肥、活、嫩、爽”的标准。影响水质变化的因素有水体的酸碱度（pH）、溶氧（D・O）、有机耗氧量（BOD）、透时度、氨氮含量等理化指标。

六、底质影响泥鳅的生长

泥鳅是生活在水底中的，因此底质的好坏常常是决定泥鳅是否生病的关键因素之一，底质中尤其是淤泥中含有大量的营养物质与微量元素，这些营养物质与微量元素对饵料生物的生长发育、水草的生长与光合作用都具有重要意义；当然，淤泥中也含有大量的有机物，会导致水体耗氧量急剧增加，往往造成池塘缺氧泛塘；同时，有学者指出，在缺氧条件下，泥鳅的自身免疫力下降，更易发生疾病。

七、酸碱度对泥鳅疾病的影响

一般地讲，酸碱度即 pH 值在 7.5～8.5，即中性偏碱为最适范围。当水质偏酸时，泥鳅生长缓慢，pH 值在 5～6.5 时，许多有毒物质在酸性水中的毒性也往往增强，导致泥鳅体质变差，易患打粉病。在饲养过程中可用石灰水进行调节，也可用 1%的碳酸氢钠溶液来调节水的酸碱度。但是若饲养水过度偏碱，高于 9.5 以上时，泥鳅的鳃会受刺激而分泌大量的黏液，妨碍泥鳅的正常呼吸，即使在溶氧丰富的情况下也易发生浮头现象，最终导致泥鳅生长不良，极易患病，甚至死亡。此时可用1%的磷酸二氯钠溶液来调节pH值。

八、溶氧量对泥鳅疾病的影响

泥鳅的呼吸机制很特殊，对水体中溶解氧的忍受能力很强，一般而言，溶解氧较低时对它的生命没有太大的威胁，但是长期处于低溶解氧中的泥鳅，会对它的生长发育造成影响，另外，如果在饲养过程中泥鳅的密度大，又没有及时换水，水中泥鳅和其他鱼类的排泄物和分泌物过多、微生物孳生、蓝绿藻类浮游生物生长过多，都可出现使水质变混、变坏等恶化现象，导致泥鳅发病。

九、毒物对泥鳅疾病的影响

对泥鳅有害的毒物很多，常见的有硫化氢以及各种防治疾病的一些重金属盐类。这些毒物不但可能直接引起泥鳅中毒，而且能降低鱼体的防御机能，致使病原体容易入侵。急性中毒时，泥鳅在短期内会出现中毒症状或迅速死亡。当毒物浓度较低，则表现出现慢性中毒，短期内不会有明显的症状，但生长缓慢或出现畸形，容易患病。现在各个地方甚至农村，各种工厂、矿山、工业废水和生活污水日益增多，含有一些重金属毒物（铝、锌、汞）、硫化氢、氯化物等物质的废水如进入池塘，重则引起池塘中泥鳅的大量死亡，轻则影响泥鳅的健康，使泥鳅的抗病机能削弱或引起传染病的流行。例如有些地方，土壤中重金属盐（铅、锌、汞等）含量较高，在这些地方修建鱼池，容易引起泥鳅的弯体病。

十、外部带入病原体

在泥鳅养殖过程中，我们发现有许多病原体都是人为地由外部带入养殖池的，主要表现在从自然界中捞取天然饵料、购买鱼种、使用饲养用具等时，由于消毒、清洁工作不彻底，可能带入病原体。例如病鳅用过的工具未经消毒又用于无病池塘的操作，或者新购鳅种未经隔离观察就放入池塘中，这些有意或无意的行为都能引起鳅病的重复感染或交叉感染。例如小瓜虫病、烂鳃病等都是这样感染发病的。

十一、饲喂不当造成泥鳅生病

泥鳅如果投喂不当、投食不清洁或变质的饲料、或饥或饱及长期投喂单一饲料、饲料营养成分不足、缺乏动物性饵料和合理的蛋白质、维生素、微量元素等，导致泥鳅摄食不正常，就会缺乏营养，造成体质衰弱，就容易感染患病。当然投饵过多，易引起水质腐败，促进细菌繁衍，导致鱼类罹患疾病。另外投喂的饵料变质、腐败，就会直接导致泥鳅中毒生病，因此在投喂时要讲究“四定”技巧，在投喂配合饲料时，要求投喂的配合饵料要与所养鱼的生长需求一致，这样才能确保鱼体的营养良好。

十二、操作不慎是泥鳅体表疾病的主要原因

我们在饲养过程中，经常要给泥鳅养殖池换水、拉网捕捞、鳅种运输、亲鱼繁殖以及人工授精时，有时会因操作不当或动作粗糙，使鱼受惊蹦到地上或器具碰伤鱼体，都可损伤泥鳅体表的黏液和皮肤，造成皮肤受伤出血、鳍条开裂、鳞片脱落等机械损伤，引起组织坏死，同时伴有出血现象。例如烂鳃病、水霉病就是通过此途径感染的。

十三、放养密度不当和混养比例不合理

合理的放养密度和混养比例能够增加泥鳅的产量，但是过高的养殖密度始终是疾病频发的重要原因。如果放养密度过大，会

造成缺氧，并降低饵料利用率，引起鱼类的生长速度不一致，大小悬殊，同时由于鱼缺乏正常的活动空间，加之代谢物增多，会使其正常摄食生长受到影响，抵抗力下降，发病率增高。另外在集约式养殖条件下，高密度放养已造成水质二次污染、病原传播、水体富营养化，赤潮频繁发生，加上饲养管理不当等，都为病害的扩大和蔓延创造了有利条件，是导致近年来疾病绵绵不断、愈演愈烈的原因。

另一方面，混养比例不合理，也会导致疾病的发生，例如有些侵扰性较强的鱼类，当它们和不同规格的鱼同池饲养时，易发生大欺小和相互咬伤现象，长期受欺及被咬伤的泥鳅，往往有较高的发病率。

十四、饲养池进排水系统设计不合理

饲养池的进排水系统不独立，一池鱼发病往往也传播到另一池鱼发病。这种情况特别是在大面积精养时或流水池养殖时更要注意预防，在 2011 年，笔者在安徽发现一养殖场在养殖泥鳅时没有设立专门独立的进排水系统，在 6 月一次发病时，四口鱼塘同时发病，导致大批泥鳅死亡，损失惨重。

第二节　识别泥鳅生病

我们发现有许多养殖户在平时不注意观察泥鳅的各种表现，一旦泥鳅生病了就急忙求医问药，这时已经晚了，笔者认为鳅病如果等到症状出现时再治疗往往已经太晚而且难以治愈，不让泥鳅患病的秘诀只有早发现、早治疗。因此，平日应多注意观察养殖阶段的泥鳅，可以从下列几个方面初步判别是否发病，然后再通过检测患病泥鳅的各项生理指标、病鳅的症状和显微镜检查的结果做出确诊。

一、根据疾病的特点做出判断

有时泥鳅出现不正常的现象时，极有可能是缺氧、中毒等原因。导致鱼体不正常或者发生死亡现象，一般情况下可以通过以下的几个症状做出快速判断：一是死亡迅速，除有些因素导致的慢性中毒外，泥鳅一旦在较短的时间内出现大批死亡，就可能不是疾病引起的；二是症状相同，由于在小环境内，对饲养在一起的鱼体具有相同的影响，所以，如果全部饲养鱼所表现出来的症状、病程和发病时间都比较一致时，就可以判断不是疾病引起的；三是恢复快，只要环境因素改善后，泥鳅可以在短时间内就能减轻症状，甚至恢复正常，一般都不需要长时间的治疗，这就说明泥鳅可能是浮头或中毒造成的。

二、根据疾病发生的季节特点判断

许多泥鳅疾病的发生是根据不同的季节而发生的，这是因为各种不同的病原体都具有最适合其生长、繁殖的条件和温度，而这些均与季节有关，所以可根据鱼病发生的不同季节做出初步判断。如泥鳅的出血病主要发生在 7～9 月的炎热季节，水霉病则多发生在春初秋末等凉爽的季节，湖靛、青泥苔等有害水生植物不会在冬季出现。

三、根据泥鳅的摄食来判断

当气温、水温及养殖环境无任何改变，而且饲料的质量及加工、投喂等均无变化，而泥鳅的摄食量明显减少，可怀疑泥鳅已经生病，这时可通过检查饵料台、对饵料台进行消毒等措施来进一步判断。

四、根据鳅体的症状做出判断

一般不同的鳅病在鳅体上表现是不同的，这样就可以快速做出判断，但是还有许多鳅病的病原体虽然不同，却在鳅体外观上表现是差不多的，这个时候就要求养殖户根据多种因素做出综合判断。如果泥鳅体表出现腐烂、白毛、异常斑块、寄生虫等，鳅体发红，非繁殖季节而肛门红肿，黏液脱落等，可怀疑已生病。

五、根据泥鳅的栖息环境做出判断

例如肠炎、赤皮病、烂鳃病、打粉病等都发生在呈酸性的水域环境中；中华鳋、锚头鳋、鱼鲺等寄生虫病则多发生在弱碱性的水域环境中；当泥鳅处于不同的水域环境中，就有可能发生不同的疾病。

另一方面可以通过泥鳅生活习性的改变来判断它是否生病，一般正常的泥鳅平时应隐藏于草丛中或泥洞内。在池中没有青苔及杂草的情况下，如果发现泥鳅在白天的非吃食时间将头长时间伸出水面或爬到水草上面，既不入洞也不躲藏到草丛中，一旦发生这些异常的现象都可怀疑其已经生病。

六、根据泥鳅对外界的反应程度来判断

正常的泥鳅对外界的反应是非常灵敏的，它对意外的声响、振动、水动等均会迅速做出反应，例如一遇到动静就会快速游走。当我们走近池边时，发现泥鳅无动于衷，仍浮在水面吃水，或贴在池壁，懒于游动，如果跺脚或拍打地面等发出震动或响声时，泥鳅才慢慢进入水中，但不一会儿又懒洋洋地浮于水面，这些对反应迟钝的泥鳅，很有可能就是生病了。

七、根据泥鳅的活动情况来判断

一般泥鳅是静静地待在洞穴中或躲藏在草丛中的，如果它的体表或体内有寄生虫寄生时，它会发生焦躁不安、急蹿的情况，当寄生情况严重时，它会受不了，而不断地出现翻滚、上浮下游或螺旋形或突然性蹿跳，不断地用身体擦水草、池壁、饲料台时，这就是生病的表现，极有可能是体表寄生虫寄生，如中华鳋、锚头鳋、日本新鳋、鲺等。

八、通过泥鳅的体质来判断

正常的泥鳅体质良好时，它的身体是匀称的，头小、体圆而短，富有美感，如果发现相当一部分的泥鳅出现头大、体细、尾尖时，说明有三种可能性，一是泥鳅的营养不良，二是泥鳅中毒了，三是泥鳅生病了。

九、通过体色的表现来判断

泥鳅的体色变得暗淡而无光泽，鱼体消瘦，身体局部有红肿发炎、溢血点或溃疡点，鱼鳍充血，周身鳍片竖立，尾鳍末端有腐烂现象，这些都是生病的前兆。

皮肤变成灰白色或白色，体表覆盖一层棉絮状白毛或出现小白点，肌肉糜烂，这是水霉病的症状。

第三节 泥鳅疾病常用治疗方法

鱼患病后，首先应对其进行正确而科学地诊断，根据病情病因确定有效的药物；其次是选用正确的给药方法，充分发挥药物的效能，尽可能地减少副作用。不同的给药方法，决定了对鱼病治疗的不同效果。

常用的鱼给药方法有以下几种：

一、挂袋（篓）法

即局部药浴法，把药物尤其是中草药放在自制布袋或竹篓或袋泡茶纸滤袋里挂在投饵区中，形成一个药液区，当泥鳅进入食区或食台时，使鱼体得到消毒和杀灭鱼体外病原体的机会。通常要连续挂 3 天，常用药物为漂白粉和敌百虫。另外池塘四角水体循环不畅，病菌病毒容易滋生繁衍；靠近底质的深层水体，有大量病菌病毒生存；茭草、芦苇密生的地方，很难进行泼洒药物消毒，病原物滋生更易引起鱼病发生；固定食场附近，鱼的排泄物、残剩饲料集中，病原物密度大。对这些地方，必须在泼洒消毒药剂的同时，进行局部挂袋处理，比重复多次泼洒药物效果好得多。

此法只适用于预防及疾病的早期治疗。优点是用药量少，操作简便，没有危险及副作用小。缺点是杀灭病原体不彻底，因此法只能杀死食场附近水体的病原体和常来吃食的鱼体表面的病原体。

二、浴洗（浸洗）法

这种方法就是将有病的泥鳅集中到较小的容器中，放在按特定配制的药液中进行短时间强迫浸浴一下，来达到杀灭鱼体表和鳃上的病原体的一种方法，它适用于个别鱼或小批量患病的泥鳅使用。药浴法主要是驱除体表寄生虫及治疗细菌性的外部疾病，也可利用皮肤组织的吸收作用治疗细菌性内部疾病。具体用法如下：根据病鱼数量决定使用的容器大小，一般可用面盆或小缸，放2/3 的新水，根据泥鳅大小和当时的水温，按各种药品剂量和所需药物浓度，配好药品溶液后就可以把患病泥鳅浸入药品溶液中治疗。

浴洗时间也有讲究，一般短时间药浴时使用浓度高、时间短，常用药为亚甲基蓝、红药水、敌百虫、高锰酸钾等，长时间药浴则用食盐水、高锰酸钾、福尔马林、呋喃剂、抗生素等。具体时间要按泥鳅个体大小、水温、药液浓度和鱼的健康状况而定。一般泥鳅个体大、水温、药液浓度低和健康状态尚可，则浴洗时间可长些。反之，浴洗时间应短些。

值得注意的是，浴洗药物的剂量必须精确，如果浓度不够，则不能有效地杀灭病菌；浓度太高，易对泥鳅造成毒害，甚至死亡。

洗浴法的优点是用药量少，准确性高，不影响水体中浮游生物生长。缺点是不能杀灭水体中的病原体，况且拉网捕鱼既麻烦又易碰伤泥鳅，所以通常配合转池或运输前后预防消毒用。

三、泼洒法

就是根据泥鳅的不同病情和池中总的水量算出各种药品剂量，配制好特定浓度的药液，然后向鱼池内慢慢泼洒，使池水中的药液达到一定浓度，从而杀灭泥鳅体表及水体中的病原体。如果池塘的面积太大，则可把患病泥鳅用鱼网牵往鱼池的一边，然后将药液泼洒在鱼群中，从而达到治疗的目的。

泼洒法的优点是杀灭病原体较彻底，预防、治疗均适宜。缺点是用药量大，易影响水体中浮游生物的生长。

四、内服法

就是把治疗鱼病的药物或疫苗掺入患病泥鳅爱吃的饲料，或者把粉状的饲料挤压成颗粒状、片状后来投喂泥鳅，从而达到杀灭泥鳅体内的病原体的一种方法。但是这种方法常用于预防或鱼病初期，同时，这种方法有一个前提，即鱼类自身一定要有食欲的情况下使用，一旦病鱼已失去食欲，此法就不起作用了。一般用 3～5 千克面粉加氟哌酸 1～2 克或复方新诺明 2～4 克加工制成饲料，可鲜用或晒干备用。喂时要视泥鳅的大小、病情轻重、天气、水温和鱼的食欲等情况灵活掌握，预防治疗效果良好。

内服法适用于预防及治疗初期病鱼，当病情严重、患病泥鳅已停食或减食时就很难收到效果。

五、注射法

对各类细菌性疾病注射水剂或乳剂抗生素的治疗方法，常采取肌内注射或腹腔内注射的方法将药物注射到病鱼腹腔或肌肉中杀灭体内病原体。

注射前鱼体要经过消毒麻醉，适于水温低于 15℃的天气，以泥鳅抓在手中跳动无力为宜。注射方法和剂量：如果通过肌肉注射时，注射部位宜选择在背鳍基部前方肌肉丰厚处。如果是采用腹腔注射，注射部位宜选择在胸鳍基部突起处。一般采用腹腔注射，深度以不伤内脏为宜，针头以进针 45°角为宜。剂量以 10 厘米的泥鳅每尾注射 0.2 毫升。注意：要使用连续注射器，刺着骨头要马上换位，体质瘦弱的泥鳅不要注射。

注射法的优点是鱼体吸收药物更为有效、直接、药量准确，且吸收快、见效快、疗效好，缺点是太麻烦也容易弄伤泥鳅，且对较小的幼鱼无法使用。所以此法一般只适用于亲鱼的治疗，人工疫苗通常也是注射法。

六、涂抹法

以高浓度的药剂直接涂抹泥鳅体表患病的地方，以杀灭病原体。主要治疗外伤及泥鳅身体表面的疾病，涂抹法适用于检查亲鱼及亲鱼经人工繁殖后下池前，在人工繁殖时，如果不小心在采卵时弄伤了亲鱼的生殖孔，就用涂抹法处理。常用药为红药水、碘酒、高锰酸钾等。涂抹前必须先将患处清理干净后施药。涂抹法的优点是药量少、方便、安全、副作用小。

七、浸沤法

只适用于中草药预防鱼病，将草药扎捆浸沤在鱼池的上风头或分成数堆，杀死池中及鱼体外的病原体。

第四节 泥鳅疾病的预防措施

在人工养殖时，泥鳅虽然生活在人为调控的小环境里，养殖人员的专业水平一般较高，可控性及可操作性也强，有利于及时采取有效的防治措施。但是它毕竟生活在水里，一旦生病尤其是一些内脏器官的疾病发生后，泥鳅的食欲基本丧失，常规治疗方法几乎失去效果，导致治疗起来比较困难，一般等治愈后都要或多或少的死掉一部分，尤其是幼鳅更是如此，给养殖者造成经济和思想上的负担。因此对泥鳅疾病的治疗应遵循“预防为主，治疗为辅”的原则，按照“无病先防，有病早治，防治兼施，防重于治”的原理，加强管理，防患于未然，才能防止或减少泥鳅因死亡而造成的损失。目前在养殖中常见的预防措施有：改善养殖环境，消除病害滋生的温床；加强泥鳅苗种检验检疫，杜绝病原体传染源的侵入；加强鱼体预防，培育健康的泥鳅苗种，切断传播途径；通过生态预防，提高鱼体体质，增强抗病能力等措施。具体可以从下面几点来进行。

一、改善养殖环境，消除病原体滋生的温床

池塘是泥鳅栖息生活的场所，同时也是各种病原生物潜藏和繁殖的地方，所以池塘的环境、底质、水质等都会给病原体的孳生及蔓延造成重要影响。

1. 环境

泥鳅对环境刺激是有一定应激性的，因此一般要求鱼池建立在水、电、路三通且远离喧嚣的地方，鱼池走向以东西方向为佳，有

利于冬春季节水体的升温；清除池边过多的野生杂草；在修建鱼池时要注意对鼠、蛇、蛙及部分水鸟的清除及预防。

2. 底质

鱼池在经过两年以上的使用后，淤泥逐渐堆积。如果淤泥过多，不但影响容水量，而且对水质及病原体的孳生、蔓延产生严重影响，所以说池塘清淤消毒是预防疾病和减少流行病暴发的重要环节。

池塘清淤工作主要有清除淤泥、铲除杂草、修整进出水口、加固塘堤等工作，排除淤泥的方法通常有人力挖淤和机械清淤，除淤工作一般在冬季进行，先将池水排干，然后再清除淤泥。清淤后的池塘最好经日光暴晒及严寒冰冻一段时间，以利于杀灭越冬的鱼病病原体。如果鱼池面积较大，清淤的工程量相当大，可用生石灰干法消毒。

3. 水质

在养殖水体中，生存有多种生物，包括细菌、藻类、螺、蚌、昆虫及蛙、野杂鱼等，它们有的本身就是病原体，有的是传染源，有的是传染媒介和中间宿主，因此必须进行药物消毒。常用的水体消毒药物有生石灰、漂白粉、鱼滕酮等，最常用且最有效果的当推生石灰。在生产实践中，由于使用生石灰的劳动力比较大，现在许多养殖场都使用专用的水质改良剂，效果挺好。

4. 池塘消毒处理

无论是养殖池塘还是越冬池塘，泥鳅苗种进池前都要消毒清池。消毒清池的方法有多种，具体方法在前面已有详述。

二、改善水源及用水系统，减少病原菌入侵的几率

水源及用水系统是泥鳅疾病病原传入和扩散的第一途径。优良的水源条件应是充足、清洁、不带病原生物以及无人为污染有毒物质，水的物理、化学指标应适合于泥鳅的生长需求。用水系统应

使每个养殖池有独立的进水和排水管道，以避免水流把病原体带入。养殖场的设计应考虑建立蓄水池，这样，可将养殖用水先引入蓄水池，使其自行净化、曝气、沉淀或进行消毒处理后再灌入养殖池，就能有效地防止病原随水源带入。

科学管水和用水，目的是通过对水质各参数的监测，了解其动态变化，及时进行调节，纠正那些不利于养殖动物生长和影响其免疫力的各种因素。一般来说，必须监测的主要水质参数有 pH、溶解氧、温度、盐度、透明度、总氨氮、亚硝基氮和硝基氮、硫化氢以及检测优势生物的种类和数量、异氧菌的种类和数量。

维持良好的水质不仅是泥鳅生存的需要，同时也是使泥鳅处在最适条件下生长和抵抗病原生物侵扰的需要。

三、科学引进水产微生物

1. 光合细菌：目前在水产养殖上普遍应用的有红假单胞菌，将其施放在养殖水体后可迅速消除氨氮、硫化氢和有机酸等有害物质，改善水体，稳定水质，平衡其水体酸碱度。水肥时施用光合细菌可促进有机污染物的转化，避免有害物质积累，改善水体环境和培育天然饵料，保证水体溶氧；水瘦时应首先施肥再使用光合细菌，这样有利于保持光合细菌在水体中的活力和繁殖优势，降低使用成本。

由于光合细菌的活菌形态微细、比重小，若采用直接泼洒养殖水体的方法，其活菌不易沉降到池塘底部，无法起到良好的改善底环境的效果，因此建议全池泼洒光合细菌时，尽量将其与沸石粉合剂应用，这样既能将活菌迅速沉降到底部，同时沸石也可起到吸附氨的效果。另外使用光合细菌的适宜水温为 15～40℃，最适水温为 28～36℃，因而宜掌握在水温 20℃以上时使用，切记阴雨天勿用。

2. 芽孢杆菌：施入养殖水体后，能及时降解水体有机物如排泄物、残饵、浮游生物残体及有机碎屑等,避免有机废物在池中的累积。同时有效减少池塘内的有机物耗氧,间接增加水体溶解氧,保持良好的水质,从而起到净化水质的作用。

当养殖水体溶解氧高时,其繁殖速度加快,因此在泼洒该菌时,最好开动增氧机,以使其在水体快速繁殖并迅速形成种群优势,对维持稳定水色,营造良好的底质环境有重要作用。

3. 硝化细菌:硝化细菌在水体中是降解氨和亚硝酸盐的主要细菌之一,从而达到净化水质的作用。硝化细菌使用很简单,只需用池塘水溶解泼洒就可以了。

4. EM 菌:EM 菌中的有益微生物经固氮、光合等一系列分解、合成作用,使水中的有机物质形成各种营养元素,供自身及饵料生物的生长繁殖,同时增加水中的溶解氧,降低氨、硫化氢等有毒物质的含量,提高水质质量。

5. 酵母菌:酵母菌能有效分解溶于池水中的糖类,迅速降低水中生物耗氧量,在池内繁殖出来的酵母菌又可作为泥鳅的饲料蛋白利用。

6. 放线菌:放线菌对于养殖水体中的氨氮降解及增加溶氧和稳定 pH 值均有较好效果。放线菌与光合细菌配合使用效果极佳,可以有效地促进有益微生物繁殖,调节水体中微生物的平衡,可以去除水体和水底中的悬浮物质,亦可以有效地改善水底污染物的沉降性能、防止污泥解絮,起到改良水质和底质的作用。

7. 蛙弧菌:泼洒在养殖水体后,可迅速裂解嗜水气单胞菌,减少水体致病微生物数量,能防止或减少泥鳅病害的发展和蔓延,同时对于氨氮等有一定的去除作用。也可改善泥鳅体内外环境,促进生长,增强免疫力。

8. 水产微生物的功能

去碳、去氮:如芽孢杆菌、碱杆菌属、假单孢菌、黄杆菌等复合菌有去除水中的碳、氮、磷系化合物的能力,并有转化硫、铁、汞、砷等有害物质的功能。

杀灭病毒：如枯草杆菌、绿浓杆菌具有分解病毒外壳的酶的功能而杀灭病毒。

降解农药：如假单孢菌、节杆菌、放线菌、真菌有降解转化化学农药的功能。

絮凝作用：如芽孢杆菌、气杆菌、产碱杆菌、黄杆杆菌等有生物絮凝作用。可以将水体中的有机碎屑结合成絮状体，使重金属离子沉淀，使水体清澈。

反硝化作用：如芽孢杆菌、短杆菌、假单孢菌都是好氧菌和兼性厌氧菌，以分子氧作最终电子载体，在供氧不充分的时间与空间，可以利用硝酸盐为最终电子载体产生 NO_2—N 和 N，而起反硝化作用，提高 pH 值。

消解污泥：各种硝化细菌在消解碳、氮等有机污染的同时，也使有机污泥同时得到消解。

四、做好消毒措施

1. 泥鳅苗种消毒

即使是健康的泥鳅苗种，亦难免带有某些病原体，尤其是从外地运来的苗种。因此，必须先进行消毒，药浴的浓度和时间，根据泥鳅个体大小和水温灵活掌握。

a. 食盐　这是泥鳅消毒最常用的方法，配制浓度为 3%～5%，洗浴 10～15 分钟，可以预防鱼的烂鳃病、三代虫病、指环虫病等。

b. 漂白粉和硫酸铜合剂　漂白粉浓度为 10 毫克/升，硫酸铜浓度为 8 毫克/升，将两者充分溶解后再混合均匀，将泥鳅放在容器里洗浴 15 分钟，可以预防细菌性皮肤病、鳃病及大多数寄生虫病。

c. 漂白粉　浓度为 15 毫克/升，浸洗 15 分钟，可预防细菌性疾病。

d. 硫酸铜　浓度为 8 毫克/升，浸洗 20 分钟，可预防泥鳅波豆虫病、车轮虫病。

e. 敌百虫　用 10 毫克/升的敌百虫溶液浸洗 15 分钟，可预防部分原生动物病和指环虫病、三代虫病。

f. 50 毫克/升的 PVP-I(聚乙烯吡咯烷酮碘)，洗浴 10～15 分钟，可预防寄生虫性疾病。

2. 工具消毒

各种养殖用具，例如患病泥鳅使用的网具、塑料和木制工具等，常是病原体传播的媒介，特别是在疾病流行季节。因此，在日常生产操作中，如果工具数量不足，应在消毒后方可使用。

3. 食场消毒

食场是泥鳅进食之处，由于食场内常有残存饵料，时间长了或高温季节腐败后可成为病原菌繁殖的培养基，就为病原菌的大量繁殖提供了有利场所，很容易引起泥鳅感染细菌，导致疾病发生。同时食场是泥鳅最密集的地方，也是疾病传播的地方，因此对于养殖固定投饵的场所，也就是食场，要进行定期消毒，是有效的防治措施之一，通常有药物悬挂法和泼洒法两种。

a. 药物悬挂法　可用于食场消毒的悬挂药物主要有漂白粉、硫酸铜、敌百虫等，悬挂的容器有塑料袋、布袋、竹篓，装药后，以药物能在 5 小时左右溶解完为宜，悬挂周围的药液达到一定浓度就可以了。

在鱼病高发季节，要定期进行挂袋预防，一般每隔 15～20 天为 1 个疗程，可预防细菌性皮肤病和烂鳃病。药袋最好挂在食台周围，每个食台挂 3～6 个袋。漂白粉挂袋每袋 50 克，每天换 1 次，连续挂 3 天；硫酸铜、硫酸亚铁挂袋，每袋可用硫酸铜 50 克、硫酸亚铁 20 克，每天换 1 次，连续挂 3 天。

b. 泼洒法　每隔 1～2 周在鱼类吃食后用漂白粉消毒食场

1次，用量一般为250克，将溶化的漂白粉泼洒在食场周围。

五、做好药物预防工作

水产养殖动物疾病的发生，都有一定的季节性，例如细菌性肠炎、寄生虫性鳃病和皮肤病等，常在4～10月这段时间内流行。因此可定期进行药物预防，往往能收到事半功倍的效果。通过体内投喂药饵的方法，可对那些无病或病情稍轻的泥鳅起到极好的预防或防治作用，药饵的类型有颗粒饵料、拌和饵料、草料药饵、肉食性药饵。这里我们为养殖户介绍一个有效的小验方，每10千克的泥鳅每天用氟哌酸1克或大蒜素50克与20克食盐，拌和成药饵，第二天减半，连续投喂5～7天为1个疗程；如果拌和抗生素做药饵，每10千克的泥鳅用20～50毫克，连续投喂5～7天为1个疗程。

六、合理放养，减少鱼体自身的应激反应

合理放养包含两方面的内容，一是放养的某一种类密度要合理，二是混养的不同种类的搭配要合理。合理放养是对养殖环境的一种优化管理，可以促进生态平衡和保持养殖水体中正常菌丛，调节微生态平衡，起到预防传染病暴发流行的作用。

七、不滥用药物

药物具有防病治病的作用，但是不能滥用和盲目使用。滥用和盲目使用药物，不仅给养殖者造成一定的经济损失，也在一定程度上加重了养殖水域的污染，如抗生素，如果经常使用就可能污染环境，使微生态平衡失调，并使病原生物产生抗药性。因此，不能有病就用抗生素，应在正确诊断的基础上对症下药，并按规定的剂量和疗程，选用疗效好、毒副作用小的药物。药物与毒物没有严格的界限，只是量的差别，用药量过大，超过了安全浓度就可能导致

养殖动物中毒甚至死亡。

八、适时适量使用环境保护剂

水环境保护剂能够改善和优化养殖水环境，并促进泥鳅正常生长、发育和维护其健康，在池塘养殖中更要注意及时添加，通常每月使用1～2次。根据科研人员的研究发现，它的作用主要是净化水质，防止底质酸化和水体富营养化；补充氧气，增强泥鳅的摄食能力；抑制有害物质的增加和抑制有害细菌繁殖；促使有益藻类稳定生长，抑制有害藻类繁殖等优点。

九、培育和放养健壮苗种

放养健壮和不带病原的泥鳅苗种是养殖生产成功的基础，培育的技巧包括几点：一是亲本无毒；二是亲本在进入产卵池前进行严格的消毒，以杀灭可能携带的病原；三是孵化工具要消毒；四是待孵化的鱼卵要消毒；五是育苗用水要洁净；六是尽可能不用或少用抗生素；七是培育期间饵料要好，不能投喂变质腐败的饵料。

十、科学投喂优质饵料

饵料的质量和投饵方法，不仅是保证养殖产量的重要措施，同时也是增强泥鳅对疾病抵抗力的重要措施。养殖水体由于放养密度大，必须投喂人工饵料才能保证养殖群体有丰富和全面的营养物质转化成能量和机体有机分子。因此，科学地根据泥鳅发育阶段，选用多种饵料原料，合理调配，精细加工，保证各阶段的泥鳅都吃到适口和营养全面的饵料，不仅是维护它们生长、生活的能量源泉，同时也是提高泥鳅体质和抵抗疾病能力的需要。生产实践和科学试验证明，不良的饵料不仅无法提供泥鳅成长和维持健康所必需的营养成分，而且还会导致免疫力和抗病力下降，直接或间接地使泥鳅易于感染疾病甚至死亡。

优质饵料的投喂通常采用“四定”、“四看”投饲技术，它是增强泥鳅对疾病抵抗力的重要措施。

定质：泥鳅的饵料要新鲜适口，不含病原体或有毒物质，投喂饵料前一定要过滤、消毒干净，以免将病菌和有害物质及害虫带入池塘使泥鳅患病。腐败变质的饵料坚决不可用来投喂泥鳅。

定量：所投饵料在1小时内吃完为最适宜的投饵量，不宜时饥时饱，否则就会使泥鳅的消化机能发生紊乱，导致消化系统患病。

定时：指投喂要有规定的时间，一般是一天投喂1～2次，如果是投喂1次，通常在下午四时投喂，如果是每天投喂2次，一次在上午9点前投喂，另一次在下午4时左右投喂。

定位：食场固定在向阳无荫、靠近岸边的位置，既能养成泥鳅定点定时摄食的习性，减少饵料的浪费，又有利于检查泥鳅的摄食、运动及健康情况。

看水色确定投饵量：当水色较浓时，说明水体中浮游微生物较多，可少投饵料，水质较瘦时应多投。

看天气情况确定投饵量：如果天气连续阴雨，泥鳅的食欲会受到影响，宜少投饵料，天气正常时，泥鳅的食欲和活动能力大大增强，此时可多投饵料。

看泥鳅的摄食情况确定投饵量：如果所投饵料能很快被泥鳅吃光，而且泥鳅互相抢食，说明投饵量不足，应加大投饵量；如果所投饵料在一小时内吃完，说明饵料适宜；如第二次投喂时，仍见部分饵料未吃完，这可能是投喂过多或泥鳅患病造成食欲降低，此时可适当减少投饵量。

看泥鳅的活动情况确定投饵量：如果泥鳅活动能力不旺，精神萎靡，说明泥鳅可能患病，宜减少投饵量，及时诊治并对症下药，如果泥鳅活动正常，则可酌情加大投饵量。

第五节　泥鳅的常见疾病与防治

一、红鳍病

别名：赤鳍病、腐鳍病。

病原病因：由细菌引起。当池水恶化、营养不当及鱼体受伤时，更易发生。

症状特征：泥鳅被感染后，病鱼的体表、鳍、腹部及肛门等处有充血发红症状并溃烂，有些则呈现出血斑点、肌肉溃烂、鳍条腐蚀等现象，同时出现肛门红肿、肠管糜烂的现象。泥鳅在池边水面垂悬，不摄食，直至死亡。

流行特点：此病易在夏季流行。

危害情况：对泥鳅危害大、发病率高，可导致死亡。

预防措施：(1)苗种放养前用4%的食盐水浴洗消毒。

(2)避免鱼体受伤，鱼苗放池前应用5毫克/升的二氯异氰脲酸钠溶液浸泡15分钟。

治疗方法：(1)用每毫升含10～15微克的土霉素或金霉素溶液浸洗10～15分钟，每天1次，1～2天即可见效。

(2)用1毫克/升漂白粉全池泼洒。

(3)病鱼可用10毫克/升浓度四环素浸洗一昼夜。

(4)按饲料重0.3%中拌入氟苯尼考进行投喂5～7天。

(5)用10～20毫克/升的二氧化氯或土霉素或金霉素浸泡病鱼10～20分钟，有良好疗效。

(6)病鳅用3%食盐水溶液浸泡10分钟。

(7)在改良水质后，六亚甲基四胺2～5毫克/升连用2～3天。

二、肠炎病

别名:烂肠瘟、乌头瘟。

病原病因:嗜水气单胞菌感染。

症状特征:病鳅行动缓慢,停止摄食,鳅体发乌变青,头部显得特别,腹部出现红斑,肠管充血发炎,肛门红肿,轻者腹部有血和黄色黏液流出,重者发紫,很快死亡。

流行特点:(1)在全国均能流行。

(2)一年四季均能发病,尤其是夏秋季是发病高峰期。

危害情况:(1)所有的泥鳅都能感染患病。

(2)严重时死亡率高达 40%。

预防措施:(1)排污清池时,保持水质清洁。

(2)不投喂变质饲料,投喂新鲜饲料。

(3)放鳅种前,要用 3%的食盐溶液对泥鳅消毒 10 分钟。

(4)用光合细菌改良水质,效果很明显。

治疗方法:(1)每 50 千克泥鳅用复方新诺明 5 克,加抗坏血酸盐 0.5 克拌饲料投喂,连喂 3 天即可。

(2)每 50 千克泥鳅用 15 克大蒜拌料投喂。2～6 天后减半继续投喂。

(3)每 50 千克泥鳅用 2 克氟哌酸拌料投喂。

(4)饲料中按饲料重 5%添加“鱼用多维”拌料投喂,连喂 3 天即可。

(5)每千克饲料中添加氟苯尼考 1～3 毫升和维生素 C 1～3 克,将两者搅拌均匀后,连喂 3 天就可以了。

三、黏细菌性烂鳃病

别名:乌头瘟。

病原病因:在养殖密度大,或者水质较差时,泥鳅被柱状纤维黏细菌感染。

症状特征：鳃部腐烂，带有一些污泥，鳃丝发白，有时鳃部尖端组织腐烂，造成鳃边缘残缺不全、有时鳃部某一处或多处腐烂，不在边缘处。鳃盖骨的内表皮充血发炎，中间部分的表皮常被腐蚀成一个略成圆形的透明区，露出透明的鳃盖骨，俗称"开天窗"。由于鳃部组织被破坏造成病鱼呼吸困难，常游近水表呈浮头状；行动迟缓，食欲不振。

流行特点：(1)水温在20℃以上即开始流行，春末至秋季为流行盛期。水温在15℃以下时，病鱼逐渐减少。

(2)全国各地都有此病流行。

危害情况：当年泥鳅一旦患上此病，大量死亡，危害严重。

预防措施：(1)当年泥鳅要适当稀养。

(2)使用漂白粉挂袋预防。

(3)在发病季节每月全池遍洒生石灰水1～2次，保持池水pH值为8左右。

(4)定期将乌桕叶扎成小捆，放在池中沤水，隔天翻动1次。

(5)在发病季节尽量减少捕捞次数，避免使鱼体受伤。

(6)放养鱼种前用浓度为10毫克/升的漂白粉或15～20毫克/升的高锰酸钾溶液浸洗鱼种15～30分钟，或用2%的食盐溶液浸洗10～15分钟。

治疗方法：(1)用漂白粉1毫克/升浓度全池遍洒。

(2)用中药大黄2.5～3.75毫克/升浓度，每0.5千克大黄(干品)用10千克淡的氨水(0.3%)浸洗12小时后，大黄溶解，连药液、药渣一起全池遍洒。

(3)在10千克的水中溶解11.5%浓度的氯胺丁0.02克，浸洗15～20分钟，多次用药后见效。

(4)100千克水中放入氟哌酸或土霉素2～3片，用来较长时间浸洗鱼体。

(5)用高效水体消毒剂,用量为300～400克/亩·米水深,全池泼洒,连泼3天。

(6)用2毫克/升的三氯异氰脲酸溶液浸洗数天,然后更换新水。

(7)用青霉素或庆大霉素溶于池中,用药量为青霉素80万～120万单位或庆大霉素16万单位溶于50千克水全池泼洒。

(8)泼洒稳定性粉状二氧化氯,使池水中药物浓度达到0.3～0.4毫克/升。

(9)泼洒五倍子(磨碎浸泡),使池水中药物浓度达到2～4毫克/升。

(10)用食盐2%浓度水溶液浸洗。水温在32℃以下,浸洗5～10分钟。

(11)每立方米水使用五倍子1～4克,全池泼洒。

(12)用乌桕叶干粉按每立方米池水量6.25克计算,用20倍乌桕叶干粉量的2%生石灰水浸泡,煮沸10分钟,使pH值在12以上,全池泼洒。

(13)大黄按每立方米池水量2.5～3.7克计算用量,用20倍大黄量的3%氨水浸泡12小时后,全池泼洒。

(14)每万尾鱼种或每50千克鱼用干地锦草250克(鲜草1.25千克)煮汁拌在饲料内或制成药饵喂鱼。3天为一疗程。

(15)将辣蓼、铁苋菜混合使用(各占一半),按每50千克鱼每天用鲜草1.25千克或干草250克计算。煮汁拌在饲料内或制成药饵喂鱼。3天为一疗程。

四、原生动物性烂鳃病

病原病因:由指环虫、口丝虫、斜管虫、三代虫等原生动物寄生导致鱼鳃部糜烂。

症状特征:病鱼鳃部明显红肿,鳃盖张开,鳃失血,鳃丝发白、破坏、黏液增多，鳃盖半张。游动缓慢，鱼体消瘦，体色暗淡；呼吸困难，常浮于水面，严重时停止进食，最终因呼吸受阻而死。

流行特点：(1)全国各地都有此病流行。

(2)此病是鱼常见病、多发病。

危害情况：此病能使当年鱼大量死亡。

预防措施：(1)用食盐水、二氧化氯或三氯异氰脲酸浸洗。

(2)用漂白粉或二氯异氰脲酸钠全池遍洒。

(3)在饵后用漂白粉(含有效氯25%～30%)挂篓预防。

治疗方法：(1)及时采用杀虫剂杀灭鱼体鳃上和体表的寄生虫。

(2)用利凡诺20毫克/升浓度浸洗。水温为5～10℃时，浸洗15～30分钟；21～32℃时，浸洗10～15分钟，用于早期的治疗。

(3)用利凡诺0.8～1.5毫克/升浓度全池遍洒。

(4)用晶体敌百虫0.1～0.2克溶于10千克水中，浸泡病鱼5～10分钟。

(5)投喂药饵，第1天用甲砜霉素2克拌饵投喂，第2～3天用药各1克，连续投喂6天为1个疗程到痊愈。

(6)用90%晶体敌百虫加水全池泼洒，使池水药物浓度达0.3～0.5毫克/升。

五、水霉病

别名：肤霉病、白毛病。

病原病因：由水霉菌寄生引起。泥鳅发生这种病的原因很多，一是在拉网或运输过程中，由于人为的操作不慎而导致鳅体受伤或局部组织坏死，极易感染此病；二是在低温阴雨的天气里，泥鳅卵在孵化过程中也会感染，从而发生大量卵死亡的现象；三是在水温剧烈变化、季节交替时也易发生。

症状特征：患病泥鳅活动迟缓，食欲下降甚至拒食，体表附着棉絮状的"白毛",接着创口发生溃烂,通过肉眼就可以识别。

流行特点:(1)水霉菌在 5~26℃ 均可生长繁殖,最适温度 13~18℃,水质较清瘦的水体易生长繁殖并流行。

(2)多发生于气温较低时期,尤其是冬季蓄水期。

危害情况:主要危害泥鳅鱼卵及仔鱼,是泥鳅苗种期间常见病之一,严重时可以导致泥鳅的死亡。

预防措施:(1)泥鳅目前多为自然苗,苗种下塘前要注意不要受伤,尤其是在捕捉、运输泥鳅时,尽量避免机械损伤。

(2)泥鳅从卵到苗种阶段必须带水操作,动作应规范轻巧,避免鱼卵和鱼体受伤。

(3)用 2 毫克/升水体亚甲基蓝浸洗鱼卵 3~5 分钟。

(4)彻底清塘,从而杜绝病菌来源,可有效防治该病的发生。

(5)用底质改良剂对池塘进行改底,可有效地预防此病的发生。

治疗方法:(1)病鱼用 0.5~0.8 毫克/升亚甲基蓝浸洗 20 分钟。

(2)用 2%~3%的食盐水溶液浸洗5~10 分钟。

(3)在孵化过程中,可用 1 毫克/升亚甲基蓝溶液浸泡鱼卵 30 分钟。

(4)用 0.04%食盐水和 0.04%小苏打合剂溶液洗浴 1 小时。

(5)用 0.02%食盐水和 0.01%小苏打合剂溶液全池泼洒。

(6)每亩用 5 千克菖蒲煎液,连渣一起全池泼洒。

六、赤皮病

别名:赤皮瘟、擦皮瘟

病原病因:细菌感染导致。尤其是在捕捞或运输时受伤,细菌侵入皮肤所引起的。

症状特征:体表局部出血,发炎,鳞皮脱落,腹部两侧最明显,病鳅身体瘦弱。

流行特点:(1)全国各养殖区均能发病。

(2)一年四季均可发生。

危害情况:(1)主要危害成鳅。

(2)该病发病快,传染率及死亡率都很高,最高时死亡率可达80%。

预防措施:(1)放养时用10毫克/升的漂白粉浸洗鳅体20分钟。

(2)在池埂上栽种菖蒲和辣蓼。

(3)捕捞和运输苗种时,小心操作,勿使鳅体受伤。

(4)发病季节用0.4毫克/升的漂白粉挂篓预防。

治疗方法:(1)用0.5毫克/升的漂白粉全池泼洒。

(2)用100克/升的食盐水或10毫克/升的二氧化氯溶液擦洗患处。

(3)用20～50克/升的食盐水浸洗病鳅15～20分钟。

(4)用光合细菌调好水质,泼洒浓度为2毫克/升的聚维酮碘溶液,在泥鳅的病情稳定后,再用EM原露全池泼洒,稳定水质。

七、白身红环病

病原病因:因泥鳅捕捉后长期蓄养所致。

症状特征:病鱼体表及各鳍条呈灰白色,体表出现红色环纹,严重时患处溃疡。此病系因捕捉后长时间流水蓄养所致。

流行特点:(1)全国各地均有此病发生。

(2)3～7月是流行高峰期。

危害情况:(1)主要危害成鳅。

(2)严重时可引起泥鳅死亡。

预防措施:(1)泥鳅放养后用0.2毫克/升的二氧化氯泼洒水体。

(2)鳅泥要用生石灰彻底清塘。

治疗方法:(1)一旦发现此病,立即将病鳅移入静水池中暂养一段时间,能起到较好效果。

(2)放养前用5毫升/升的二氧化氯溶液浸泡15分钟。

(3)将1千克干乌柏叶(合4千克鲜品)加入20倍重量的2%生石灰水中浸泡24小时,再煮10分钟后带渣全池泼洒,使池水浓度为4毫克/升。

八、出血病

病原病因:引起鱼患出血病的因素较为复杂,一般有病毒性、细菌性和环境因素的影响。一般认为由单孢杆菌和寄生虫侵害鱼体或操作粗心,致使鱼体周身或局部受损产生充血、溢血、溃疡等现象。

症状特征:病鱼眼眶四周、鳃盖、口腔和各种鳍条的基部充血。如将皮肤剥下,肌肉呈点状充血,严重时体色发黑,眼球突出,全部肌肉呈血红色,某些部位有紫红色斑块,病鱼呆浮或沉底懒游。打开鳃盖可见鳃部呈淡红色或苍白色。轻者食欲减退,重者拒食、体色暗淡、清瘦、分泌物增加,有时并发水霉、败血症而死亡。

流行特点:水温在25~30℃时流行,每年6月下旬至8月下旬为流行季节。

危害情况:(1)患病的主要是当年鱼。

(2)能引起鱼大量死亡。

(3)此病是急性型,发病快,死亡率高。

预防措施:(1)幼鱼在培养过程中,适当稀养,保持池水清洁,对预防此病有一定的效果。

(2)彻底清塘。

(3)调节水质,4月中旬开始,每隔20天泼生石灰20~25千克/亩,7~8月用漂白粉1毫克/升浓度全池遍洒,每15天进行一次预防，有一定作用。

(4)发病季节不拉网或少拉网，发病池与未发病池水源隔离，死鱼病鱼要及时捞出深埋地下，渔具经消毒方可使用。

治疗方法：(1)用溴氯海因 10 毫克/升浓度浸洗 50～60 分钟，再用三氯异氰脲酸 0.5～1.0 毫克/升浓度全池遍洒，10 天后再用同样浓度全池遍洒。

(2)严重者在 10 千克水中，放入 100 万单位的卡拉霉素或 8 万～16 万单位的庆大霉素，病鱼水浴静养 2～3 小时，多则半天后换入新水饲养，每日 1 次，一般 2～3 次即可治愈。

(3)用敌百虫全池泼洒，使池水呈 0.5～0.8 毫克/升；用高锰酸钾全池泼洒，使池水呈 0.8 毫克/升；用强氯精全池泼洒，使池水呈 0.3～0.4 毫克/升。

(4)每吨饲料加氟哌酸 200 克，连喂 3～5 天；或每吨饲料加甲砜霉素 500～1000 克，连喂 3～5 天。

(5)每万尾用 4 千克水花生、250 克大蒜、250 克食盐与浸泡豆饼一起磨碎投喂，每天 2 次，连续 4 天，施药前一天用硫酸铜 0.7 毫克/升全池泼洒。

(6)高效水体消毒剂 300～400 克/(亩·米)，全池泼洒，连泼 3 天。

(7)黄柏 80%，黄芩 10%、大黄 10%配制成药饵投喂，方法是按每 100 千克鱼种每日用混合剂 1 千克，食盐 0.5～1 千克，面粉 3 千克，麦皮 6 千克，菜饼或豆饼粉 3～5 千克，清水适量，充分拌匀配制成药饵。连续喂 5～10 天。

(8)每 100 千克鱼种用 10～15 千克鲜水花生，粉碎成浆加食盐 0.5 千克，再用面粉调和制成药饵，连喂 6 天。

(9)每 50 千克草鱼用仙鹤草 250 克、紫珠草 100 克、大青草 250 克、海金沙 100 克。煮汁洒在青饲料上，待水气蒸发后再用大黄、板蓝根各 400～500 克，磨碎并加入 5 克磺胺嘧啶拌匀的精饲料或面粉糊，洒在水气蒸发后的青草上喂鱼。连喂4～5天。

九、打印病

别名：腐皮病。

病原病因：因操作不当，鱼体受伤，导致点状产气单胞菌点状亚种侵入，造成鱼体肌肉腐烂发炎。

症状特征：发病部位主要在背鳍和腹鳍以后的躯干部分，其次是腹部侧或近肛门两侧，少数发生在鱼体前部。病初先是皮肤、肌肉发炎，体表浮肿，出现红斑，后扩大成圆形或椭圆形，边缘光滑，分界明显，就像打上印章一样，俗称"打印病"。随着病情的发展，鳞片脱落，皮肤、肌肉腐烂，甚至穿孔，可见到骨骼或内脏。病鱼身体瘦弱，游动缓慢，严重发病时，陆续死亡。

流行特点：(1)该病几乎可以危害所有的鱼类，而且大多是由于鱼类体表受伤后由病原菌的感染所致。

(2)春末至秋季是流行季节，夏季水温28～32℃是流行高峰期。

(3)各地均有。

危害情况：(1)此病是食用鱼的常见病、多发病，患病的多数是一龄以上的大鱼，当年鱼患病少见。

(2)亲鱼患此病后，性腺往往发育不良，怀卵量下降，甚至当年不能催产。

预防措施：(1)彻底清塘，经常保持水质清洁，加注新水。

(2)加强饲养管理，注意细心操作，避免鱼体受伤，可有效预防此病。

(3)在发病季节用1毫克/升的漂白粉全池泼洒消毒。

(4)用0.3毫克/升二氧化氯全池泼洒，或用20毫克/升三氯异氰脲酸药浴10～20分钟。

治疗方法：(1)每尾鱼注射青霉素10万国际单位，同时用高锰酸钾溶液擦洗患处,每 500 克水用高锰酸钾 1 克。

(2)用 2.0～2.5 毫克/升溴氯海因浸洗。

(3)发现病情时,及时用 1%三氯异氰脲酸溶液涂抹患处,并用相同的药物泼洒,使水体中的药物浓度达到 0.3～0.4 毫克/升。

(4)用稳定性粉状二氧化氯泼洒,使水体中的药物浓度达到 0.3～0.5 毫克/升。

(5)对患病亲鱼可在其病灶上涂搽 1%的高锰酸钾溶液或紫药水,或用纱布吸去病灶水分后涂以金霉素或四环素药膏。

(6)每 667 平方米用苦参 0.75～1 千克,每 0.5 千克药加水 7.5～10 千克,煮沸后再慢火煮 20～30 分钟,然后把渣、汁一起泼入水中,连续 3 天为一疗程。发病季节每半月预防 1 次。

(7)每 667 平方米用苦参 0.5 千克,漂白粉 2 千克。将苦参加水 7.5 千克,煮沸后再慢火煮 30 分钟,然后把渣、汁一起泼入水中,同时配合施用漂白粉,将漂白粉化水全池泼洒,连续 3 天为一疗程。

(8)每千克饲料用 1～3 克维生素或 3～5 克的免疫促进剂,内服,7 天为 1 个疗程。

十、气泡病

病原病因:因水中氧气或其他气体含量过多或过少而引起。如果水中的溶氧过高,池底池壁有一些小小的气泡,苗种把气泡误以为是食物,吞食之后造成它的腹中有一个泡鼓起来,似气泡一样。如果培育池的水体中溶氧不足,苗种呼吸比较困难,它会在水面呼吸空气,有可能吞食空气,也沉不下去。

症状特征:在泥鳅苗种培育过程中,会发现鳅池内的苗种行为很奇怪,泥鳅肠中充气而浮于水面,肚皮鼓起似气泡。当苗种受到惊动的时候,它就立即拼命地往下面游,但是游了一段时间之后,又会自然而然地往上浮,漂浮在水面,始终沉不下去,就是说它还是有游动能力,但是游不到水底,只能浮在水面。

流行特点:在夏季高温季节流行。

危害情况:主要危害鱼苗。

预防措施:(1)及时清除池中腐败物,不施用未发酵的肥料。

(2)掌握好投饵量和施肥量,防止水质恶化。

(3)加水前进行曝气,充分降解水中有机物。

(4)加强日常管理,合理投饲,防止水质恶化。

(5)控制好溶解氧,就能有效地减少气泡病的发生。

治疗方法:(1)每亩用食盐 4~6 千克全池泼洒,同时减少投饵量。

(2)发生气泡病时,立即冲入清水或黄泥浆水。

(3)用 0.7 毫克/升的硫酸铜化水全池泼洒。

(4)发病后适当提高水体 pH 值和透明度,具有很好的缓解作用。

(5)用 5~6 千克的黄豆打成浆,全池泼洒。

十一、发烧病

病原病因:由于水中溶解氧严重不足,导致泥鳅的内分泌失调,出现黏液在池塘内发酵,释放出热量,从而使水温升高,池塘内的溶解氧降低而发病。

症状特征:泥鳅焦躁不安,互相纠缠,皮肤和尾鳍失去原有光泽,颜色暗淡,体表出现一层灰白色的翳状物。

流行特点:在高密度暂养时易发病。

危害情况:(1)对所有泥鳅都能造成伤害。

(2)严重的可导致泥鳅大量死亡。

预防措施:(1)夏季要搭棚遮阴,勤换水,及时清除残饵。

(2)降低养殖密度,维持良好水质。

(3)在运输或暂养时,可定时用手上下捞抄几次。

治疗方法:(1)泥鳅发病后,立即更换新水。

(2)每立方水体用大蒜100克+食盐50克+桑叶150克捣碎成汁均匀泼洒在鳅池内,每天2次,连续2~3天。

(3)发病后可用0.07%浓度的硫酸铜液,按每立方米水体5毫升的用量泼洒全池。

(4)每千克饲料投喂2~5克的黄连败毒散,连服2~3天,此间要注意水温的调节。

(5)在池中泼洒免疫促进剂(应激解毒安)1~3克/立方米水体。

十二、弯体病

病原病因:一是因孵化时水温异常而导致;二是水中重金属元素含量过高而导致;三是缺乏必要的维生素而导致;四是饲料投喂不当而导致;五是环境不良,引起泥鳅的应激反应而导致。

症状特征:引起泥鳅骨骼变形,身体弯曲或尾柄弯曲。

流行特点:(1)全国各地均可发生。

(2)春夏之间和夏秋之间易发病。

危害情况:泥鳅从幼鱼到成鱼均能感染。

预防措施:(1)保持良好的孵化水温。

(2)在饵料中添加多种维生素。

(3)投喂的饲料要注意动、植物性饲料的搭配和无机盐添加剂的用量。

(4)经常换水,改良底质。

治疗方法:(1)先用底质改良剂来改良底质,再用光合细菌等改良水质。

(2)用免疫促进剂如应激解毒安2~5毫克/升,连用2~3天。

(3)每千克饲料用1~3克维生素C和芽孢杆菌2~5克内服。

十三、肝胆综合征

病原病因：(1)在高密度养殖的池塘中，水体长期处在较高浓度的亚硝酸盐和氨氮的环境下易发病。

(2)滥用不合格的饲料，导致泥鳅由于投喂腐败变质的饲料引起饲料中毒，从而发病。

(3)泥鳅长期营养不均衡，生理失调，机体免疫力下降而导致发病。

症状特征：病鱼游动缓慢，体色发黑，鳃丝、胆囊肿大，血红细胞减少，血红蛋白降低，肝脏变黑，鱼体脱黏。

流行特点：在夏秋季节容易发生。

危害情况：可导致泥鳅批量死亡。

预防措施：(1)加强饲养管理，保证饲料的新鲜程度，不变质及不受污染。

(2)合理养殖密度，及时换冲水，定期泼洒池塘水质改良剂和底质改良剂，降低池塘中的亚硝酸盐和氨氮的浓度，保持水体和藻相的平衡。

治疗方法：(1)在发病季节，每千克饲料加抗生素 5 克，连续投喂，同时用漂白粉挂袋处理。

(2)发病时要做好调水和保水工作，一般可以用底改剂、降解灵等来调节水质，等水质稳定后，再用光合细菌、EM 原露、芽孢杆菌等微生物制剂来保水。

十四、车轮虫病

病原和病因：由车轮虫侵袭泥鳅的皮肤而造成的。

症状特征：病鳅离群独游，浮于水面缓慢游动，急促不安，或在水面打转，食欲减退，身体瘦弱，体表黏液增多，轻则影响生长，重则导致泥鳅的死亡。

流行特点:该病在春秋季节较为流行。

危害情况:可引起泥鳅大批死亡。

预防措施:放养前用生石灰彻底清塘。

治疗方法:(1)发病水体用药物全池泼洒,每立方米水用硫酸铜0.5克和硫酸亚铁0.2克全池泼洒。

(2)病鳅用1%~2%食盐水浸浴5分钟。

(3)用浓度为0.15~0.2毫克/升的灭虫精全池泼洒。

第十二章　泥鳅的捕捞与运输

第一节　泥鳅的捕捞

养殖泥鳅要学会捕捉的方法。捕捉泥鳅，是养殖泥鳅中必须要做的一项工作，由于泥鳅不像其他鱼类捕捉容易，为了提高工作效率，把养殖好的成品泥鳅在上市时卖出一个好价钱，另一方面也是为了保证作为种鳅和鳅苗不受损伤，必须用好的方法来捕捉它。虽然常用的捕捉的方法很多，但是应根据实际情况采取合理有效的捕捉方法，方能取得很好的效果。

一、捕捞时间

当泥鳅每尾长到 15～20 克时，便可起捕上市。成鳅一般在 10 月开始捕捞，原则是捕大留小，宜早不宜晚，以防天气突变，成鳅钻入泥土中不易捕捞。在收捕前经常测温，北方地区泥鳅的收捕温度应在 15℃以上。

二、诱捕泥鳅

诱捕泥鳅是常用且有效的捕捉泥鳅的方法，根据诱饵的不同，也可将泥鳅的诱捕分为几类，各具特色，效果都很明显。

1. 食饵诱捕

把煮熟的猪、牛、羊骨头、炒米糠、麦麸、蚕蛹与腐殖土等混合，装入麻袋、地笼、小型网具或其他鱼笼中，袋上要开些孔，傍晚沉入池底，用其香味引来泥鳅进入而捕获，翌日太阳出来之前再取，一夜时间可捕捞大量泥鳅。实践表明，装食饵的麻袋等选择在下雨前沉入池底最好，在饵料和香味散失后，要重新装上饵料，经过多次捕捞约可捕到池中80%的泥鳅。

2. 盆装食饵诱捕

一种方式是将辣椒粉、米糠混合炒香后用泥浆拌和装进脸盆里，晚上将脸盆埋在塘里，第二天泥鳅就会钻满盆。

还有一种方法就是在盆内放上一些煮熟的猪、羊骨头，用布盖严盆后，再将绳子沿盆边扎紧系牢，在盖布的中间部位开一个泥鳅粗细的小孔，傍晚时把盆子安放在池塘的泥中，使盆口与塘底面平齐，泥鳅闻到香味后，便会顺孔钻入盆内。

3. 稻田中食饵诱捕

稻田中养的泥鳅，可以用两种方式来诱捕，一是选择晴天用炒米糠或蚕蛹放在深水坑处诱集泥鳅后再捕捞。诱捕前应在傍晚把稻田里的水慢慢放干，再将诱饵装入麻袋或鱼笼内沉入深坑，此法在4月下旬到5月下旬的中午效果好，在8月夜间的效果也较理想。

二是用晒干的油菜秆，浸没田侧沟道中，待油菜秆逸出甜质香味来，泥鳅闻味而聚，此时可围埂捕捞。

4. 竹篓诱捕

准备1只口径20厘米左右的竹篓，另取2块纱布用绳缚于竹篓口，在纱布中心开一直径4厘米的圆洞；10厘米左右长的布筒，一端缝于2块纱布的圆孔处，纱布周围也可缝合，但须留一边不缝，以便放诱饵。将菜籽饼或菜籽炒香研碎，拌入在铁片上焙香的蚯蚓（焙时滴白酒）即成诱饵。将诱饵放入2层纱布中，蒙于竹篓中，使中心稍下垂（不必绷直）。傍晚将竹篓放在有泥鳅的田、池、库或沟渠中，第2天早上收回。此法在闷热天气或雷雨前后施行，效果最佳。竹篓口顺着水流方向放，一次可诱捕数十条甚至几百条泥鳅，而且泥鳅不受伤，可作为养殖用的种苗。

5. 草堆诱捕

将水花生或野杂草堆成小堆，放在岸边或塘的四角，过 3～4 天用网片将草堆围在网内，把两端拉紧，使泥鳅逃不出去，将网中的草捞出，泥鳅便落在网中。草捞出后仍堆放成小堆，以便继续诱泥鳅进草堆然后捕捞。草堆诱捕适合水库、池塘、石缝、深泥等水域和沟渠中的泥鳅。

6. 鱼篓诱捕

在鱼篓中放入麦麸、糠、土豆、动物内脏等泥鳅饵料，在捕鱼过程中，要不断地改善诱饵质量，使其更适合泥鳅的口味。可在诱饵中加入香油、烤香的红蚯蚓或用葵花籽饼拌韭菜、炒香的麦麸、米糠等作诱饵。

7. 诱捕注意事项

一是诱食饵料一定要投其所好，选择泥鳅喜欢吃的饵料，主要是一些有浓郁腥味的蛋白饵料。

二是要掌握泥鳅习性，根据它多在夜间摄食的习性，把诱捕时间重点放在夜间，诱捕效果夜间比白天好。

三是掌握诱捕温度，水温在 25～27℃，泥鳅食欲最盛，此时诱捕效果更好；水温超 30℃和低于 15℃，食欲减退捕效较差。

四是在产卵期和生长盛期时，也有泥鳅在白天摄食的，故白天也可引诱捕捞。

三、网捕泥鳅

1. 拉网捕捞

对于养殖密度较高的池塘，可以用拉网的方式来捕捞泥鳅。用捕捞家鱼苗、鱼种的池塘拉网，或专门编织起来的拉网扦捕池塘养殖泥鳅。作业时，先肃清水中的阻碍物，尤其是专门设置的食场木桩等，然后将鱼粉或炒米糠、麦麸等香味浓厚的饵料做成团状的硬性饵料，放入食场作为诱饵，等泥鳅上食场摄食时，下网快速扦捕泥鳅，起捕率较高。

2. 敷网聚捕

这是在泥鳅摄食旺盛季节捕捞养殖泥鳅的好方法，将敷网铺设在食台底部，当投饲后泥鳅便集群摄食，此时提起网片即可捕获。这种捕捞方法简便，起捕率高。

3. 罾网捕捞

罾网捕养殖泥鳅有罾诱和冲水罾捕2种作业方式，不同的方式效果也不一样，可以根据具体的条件来决定采取不同的方式。罾是一种捕捞水产品的专用工具，罾呈方形，用聚乙烯网片做成，网目大小1厘米左右，网片面积1～4平方米，四角用弯曲成弓形的二根竹竿十字撑开，交叉处用绳子和竹竿固定，用以作业时提起网具。

罾网诱捕，就是预先在罾网中放上诱饵，按每亩放10只左右的量将罾放入泥鳅养殖水域中，放罾后，每隔0.5～1小时，迅速提起罾一次，收获泥鳅，捕捞效果较好。

冲水罾捕，就是在靠近进水口的地方敷设好罾，罾的大小可依据进水口的大小而定(为进水口宽度的3～5倍)。然后从进水口放水，以微流水刺激，泥鳅就会逐渐聚集到进水口附近，待一定时间后，即将罾迅速提起而捕获泥鳅。

4. 笼式小张网捕泥鳅

笼式小张网一般呈长方形，在一端或两端装有倒须或漏斗状网片装置，用聚乙烯网布做成，四边用铁丝等固定成形，宽40～50厘米，高30～50厘米，长1～2米，两端呈漏斗形，口用竹圈或铁丝固定成扁圆形，口径约10厘米。作业时，在笼式小张网内放蚌、螺肉、煮熟的米糠、麦麸等做成的硬粉团，将网具放入池中，一亩大小的池塘放4～8只网，过1～2小时，收获一次，连续作业几天，起捕率可达60%～80%。捕前如能停食一天，并在晚上诱捕作业，则效果更好。

5. 套张网捕泥鳅

在有闸门的池塘可用套张网捕捞养殖泥鳅，网具方锥形，由网身和网囊两部分组成，多数用聚乙烯线编织而成，网囊网目大小在1厘米左右，网口大小随闸门大小而定，网长则为网口径3～5倍。套张网作业应在泥鳅入冬休眠以前，而以泥鳅摄食旺盛时最好。作业时，将套张网固定在闸孔的凹槽处，开闸放水，随着水从排水口流出，泥鳅慢慢集中到集鱼坑中，并有部分随水流出到张网中，再用水冲集鱼坑使泥鳅集中于张网中。若池水能一次排干，起捕率较高。若池水排不干，起捕率低些，可以再注入水淹没池底，然后停止进水，再开闸放水，每次放水后提起网囊取出泥鳅，反复几次，起捕率可达50%～80%。如是在夜间作业，捕捞效果更高。

6. 手抄网捕捉泥鳅

主要用于鳅种的捕捞，也可用于成鳅的平时捕捞。捕捞鳅种可直接用手抄网于塘边捞取，捕成鳅最好先用饲料引食，再用抄网捕捉。

手抄网为三角形，由网身和网架构成。网身长2.5米，上口宽0.8米，下口宽2米，中央呈浅囊状。网目的大小视捕捞对象而定，捕鳅种的网采用每平方厘米20～25目的尼龙网布制成，捕成鳅的网可用密眼网布剪裁。可在捕捞前3天把水慢慢排干，将池底划成若干小块，中间开排水沟，使泥鳅往沟中集中，然后用手抄网捕捞。对潜入泥中的泥鳅，可翻泥捕捉。

四、流水刺激捕捞

在池塘靠近进水口底部，铺一层渔网作为捕捞工具，渔网不宜太小，一般约为进水口宽度3～4倍。由于泥鳅的个头不是太大，因此网目为1.5～2厘米就可以了，4个网角结绑提绳，先在出水口处排去部分池水，在排水同时不断往池中注入水，给泥鳅以微流水刺激，根据泥鳅具有逆水上溯逃逸的特性，此时泥鳅就会慢慢地群聚到进水口附近，此时将预先设好的网具拉起，便可将泥鳅捕获，此法适于水温20℃左右，泥鳅爱活动时进行，经过多次捕捞约可捕到池中90%的泥鳅。

五、排水捕捞法

这是捕捞泥鳅最彻底的一种方法，通常是在立秋后水温下降20℃以下采用，此时泥鳅的摄食量较少，生长活动减弱，而且也没有钻入泥中过冬时的秋天进行。当然在采取其他捕捞措施后，还会有一点剩余时，也会采取这种干塘捕捉的方法。这种干塘捕捉泥鳅的方法也很简单，就是劳动强度较大，先排干养鳅池塘中的水，然后根据成鳅池的大小，在池塘四周开挖一圈宽50厘米、深35厘米的排水沟，再在池底纵横开挖几条宽40厘米、深25～30厘米的排水沟，与池塘四周的排水沟相连通，在排水沟附近挖坑，这样做的目的是保证池底表面的水分能快速沥干到排水沟中，所有的余水都在沟、坑内聚积，泥鳅也就会随着水流慢慢地聚集到沟坑内，这时可用抄网捕捞。如果池塘面积较大，一次难以捕尽时，这时可缓缓地进水并淹没池底一个晚上，第二天上午再慢慢放水，直到池塘表面没有水，只剩沟坑内有水时，再用抄网捕捞，这样，经过两次至多三次，基本上就可以捕尽池中的池鳅。

六、袋捕泥鳅

用袋捕泥鳅是捕捞泥鳅方法中的一种，效果很好，简单实用。这种方法是利用了泥鳅的生活特性来达到捕捞的效果，由于泥鳅喜欢寻觅水草、树根等隐蔽物栖息和在此处寻食的习性，用麻袋、聚乙烯布袋等，在袋内放一些破网片、树叶、水草、稻草等，使其鼓起，同时放入泥鳅喜欢的诱饵，放在水中诱捕泥鳅进入袋内，定时提起袋子就可以捕获到泥鳅。具体操作是：

在泥鳅达到捕捞规格时，选择晴朗天气，先将池塘里的水放到表面只保留 3 厘米左右时，或将稻田里的水位放到表面出现鱼沟、鱼溜，这时保持两天左右，再将池塘里或稻田中鱼溜、水沟中的水慢慢放完，待傍晚时再将水缓缓注回鱼溜、水沟，同时将准备好的捕鳅袋放入鱼沟、鱼溜中。袋内的饵料必须要香、腥而且是泥鳅特别喜欢的，一般由炒熟的米糠、麦麸、蚕蛹粉、鱼粉等与等量的泥土或腐殖土混合后做成粉团并晾干，也可用聚乙烯网布包裹饵料。在将捕鳅袋放入鱼沟、鱼溜前，就要把饵料包或面团放入袋内，闻到浓郁的香味后，泥鳅就会寻味而至，钻到袋内觅食，就能捕捉到。

用袋捕泥鳅的效果与时间也有一定的关系，据实践表明，这种方法在四、五月份捕捞时，在白天捕捞效果最好。而在八月后入冬前捕捞时，应在夜晚放袋，翌日清晨太阳尚未升起之前取出，效果最佳。

在生产实践中，一些养殖户发现，如果手头上没有现成的麻袋时，也可以就地取材，可把草席或草帘剪成 60 厘米长、30 厘米宽，然后将配制好的饵料团包置在草席里面，再把草席或草帘两端扎紧，中间轻轻隆起，放入稻田中，上部稍露出水面，再铺放些杂草等物，泥鳅会到草席内摄食，同样也能捕到大量泥鳅。

七、笼捕泥鳅

这是一种比较有效的方法，捕捞的泥鳅成活率高，无损伤，这是一种须笼，专门用来捕捞泥鳅的工具，它与黄鳝笼很相似，是用竹篾编成的，长 30 厘米左右，直径约 10 厘米。一端为锥形的漏斗部，占全长的 1/3，漏斗部的口径 2～3 厘米，笼里面装有倒须。在笼子外面连有一根浮标，作为投放和收笼时的标志，浮标可用大块塑料泡沫做成或用木块做成。在须笼中投放泥鳅喜欢的饲料，然后放置于池边浅水区，泥鳅会因觅食而钻入笼中，数小时后提起笼子就可以捕获泥鳅。采取这种方法诱捕泥鳅时最好是在夜间进行，因为泥鳅的摄食习性是多在夜间活动和觅食。如果是在闷热天气或雷雨前后使用时，效果最佳。

这种捕捞泥鳅的方法效果虽好，但是它也有弱点，就是受水温的影响较大，当水温超过 30℃或低于 15℃时，泥鳅因食欲减退或停止摄食，诱捕效果较差。

八、药物驱捕

药物驱捕泥鳅，虽然在各种水体中均可使用，但是在驱捕稻田养殖的泥鳅时，效果最好。此法是利用药物的刺激，造成泥鳅不能使用水体，强迫其逃窜到无药效的小范围或集中捕捞。

1. 药物选用

最常使用而且效果最明显的就是茶枯，也就是茶叶榨取茶油后的残存物，能产生药效的原因是茶枯中含有一种具有溶血作用的皂角苷素，对水生生物有毒杀作用。

2. 药物用量及提取

根据长期的生产实践表明，在稻田中驱捕泥鳅时，用量是每亩 5～6 千克就可以了。

将新鲜的油茶枯饼放在柴火中烘烤 3～5 分钟后取出，当茶饼微燃时取出，趁热将茶枯饼碾成粉末，再把辗好的茶枯放在水里制成团状，再浸泡 3～5 小时后就可以使用了。

3. 使用技巧

先将稻田内水深慢慢下降至刚好淹没泥表面时为止，然后在稻田的四角用稻田里的淤泥堆聚而成斜坡，形成逐步倾斜并高于水面 3～8 厘米的鱼巢，巢面宽 30～50 厘米，面积 0.5～1 平方米。鱼巢大小视泥鳅的多少而定，面积较大的稻田，中央也要设泥堆。

施药宜在黄昏实行，将制泡好的茶饼兑水后均匀地将药液倾注在稻田里，但鱼巢面积不施药。其后不能排水和注水，也不要在水中走动，在茶饼的作用下，泥鳅钻出田泥，遇到高出水面而无茶枯水的泥堆便钻进去。第二天早晨，将鱼巢内的水排完，扒开泥堆，就可以捕捉泥鳅。

如果对于那些排水口有鱼坑的稻田，可以不用再另做鱼巢，直接在黄昏时从进水口方向向排水口逐步均匀倾注药液，注意的是在排水口鱼坑附近不施药，这样能将泥鳅驱赶到不施药的鱼坑内，第二天早晨用抄网在鱼坑中捕捞泥鳅。

此法不仅效果好，成本低，在水温 10～25℃时起捕率可达 90％以上。同时又可捕大留小，达到商品规格的泥鳅可上市出售，将小泥鳅再放回稻田，或移到别处暂养，待稻田中的药效消逝后（7天左右）再将泥鳅放回该稻田饲养。

使用这种方法也要注意以下两点：一是药物必须随用随配；二是浓度要严格控制，倾注药物一定要均匀。

第二节 泥鳅的运输

一、泥鳅运输的特点

泥鳅对环境的适应性很强，是非常适于运输的，这是它的身体特点而决定的。泥鳅和黄鳝、鳗鲡一样，它有 3 种呼吸方法：除了所有的鱼都拥有的正常鳃呼吸功能外，还可以用它们的皮肤和肠管来进行呼吸。这是因为泥鳅的口腔和喉腔的内壁表皮布满微血管网，在陆地上通过口咽腔内壁表皮能直接吸收空气中的氧气进行呼吸。一旦遇到水中溶氧不足，它就浮到水面吞吸空气，在肠管内进行气体交换。我们在养殖过程中，如果遇到天气闷热时，会常常会看到泥鳅在池塘里上窜下跳，这就是池塘里溶解氧较少，泥鳅窜到水面用肠管来呼吸，因此，泥鳅就是在溶氧很低的水中也能正常生活，这种特性对于泥鳅的运输非常有用，它们在起捕后不易死亡，适合采用各种运输方式。

二、泥鳅运输的分类

1. 按运输距离和时间分

泥鳅的运输按运输距离和运输时间来分，有短程运输、中程运输和远程运输。我们一般把运输时间在 10 小时以内或距离在 300 千米以内的运输称为短程运输；把运输时间在 10 小时以上、24 小时以内或距离在 300 千米以上、600 千米以内的运输称为中程运输；把运输时间在 24 小时以上或距离在 600 千米以外的运输称为远程运输。

2. 按运输规格来分

按泥鳅的规格来分有泥鳅的苗种运输、成品泥鳅运输、泥鳅亲本的运输等。泥鳅苗种运输相对要求较高，一般选用鱼篓和尼龙袋水运输较好；成鳅对运输的要求低些，除远程运输需要尼龙袋装运外，均可因地制宜地选用其他方式方法。

3. 按运输方式来分

按运输方式分有干法运输、带水运输、降温运输等。泥鳅的具体运输方法应根据数量的多少和交通情况灵活掌握。

4. 按运输工具来分

按运输工具分有鱼篓鱼袋运输、箱运输、木桶装运、湿蒲包装运、机帆船装运或尼龙袋充氧装运等几种。

三、泥鳅运输前的准备工作

1. 检查泥鳅的体质

不论采用哪种装运方法，在运输前必须对泥鳅的体质进行检查，先将需要运输的泥鳅暂养 1～3 天，一方面是观察它们的活性，另一方面可以及时将病、伤的泥鳅剔出，及时捞除死亡的泥鳅，要用清水洗净附在泥鳅身体上的泥沙脏物和黏液，检查泥鳅有无受伤，除了查看它的体表是否受伤外，还要重点检查它的口腔和咽部是否有内伤，对于那些有外伤、头部钩伤和躯体软弱无力的、容易死亡的泥鳅，不宜运输，应就地销售。

2. 泥鳅运输前的处理

刚刚捕捞的泥鳅经过洗浴消毒处理，可用3%～5%的食盐水或10毫克/升的二氧化氯溶液浸泡10～20分钟，然后放入水缸、木桶或小的水泥池暂养2～3天，一定要注意不能放在盛过各种油类而未洗净的容器中。在贮养期间需要经常换水，以便把刚起捕的泥鳅体表和口中污物清洗干净。开始时每半小时换水1次，所换的水一般温差不得超过3℃，并应尽量与贮池的水质相同，不要用井水、泉水和污染的水。待泥鳅的肠内容物基本排净后，即可起装外运。另外，在装箱前，用专用泥鳅筛过筛分级，同一鱼箱要求装运同一规格的泥鳅。

3. 检查工具

根据运输的距离和数量，选择合适的运输工具，在运输前一定要对所选择运输途中的用具进行认真检查，看看是否完备，还需要什么补充的或者是应急用的。

4. 决定运输时间和运输路线

这是在运输前就必须做好的准备工作，尽可能地走通畅的路线，用最短的时间到达目的地。尤其是对于幼鳅或作为亲鳅、种鳅的运输更为重要，不但到达目的地后要保证成活率，还要尽可能地保证健康的生活状态，以利于后面的生产活动。

四、干湿法运输

又称湿蒲包运输。主要利用泥鳅离水后，只要保持体表有一定湿润性，它就可能过口腔进行气体交换来维持生命活动，从而保持相当长时间不易死亡的这一特点来进行运输的。干湿法运输泥鳅有它特有的优势，一是需要的水分少，可少占用运输容器，可以减少运输费用，提高运载能力，还可以防止泥鳅受挤压，便于搬运管理，总的存活率可达到95%以上。但要求组织工作严密，做到装包、上车船、到站起卸都必须及时，不能延误。

此法适用于泥鳅装运数量不多，通常在500千克以下时可以采用，途中时间在24小时以内。

运输方法是先将选择好的蒲包清洗干净，然后浸湿，目的是保持泥鳅环境里保持一定的湿度。第二步是将泥鳅装入蒲包里，每个蒲包盛装25～30千克为宜。第三步是将蒲包装入更大一点的容器中，便于运输，可将泥鳅装好后连包一起装入用柳条或竹篾编制的箩筐或水果篓中，加上盖，以免装运中堆积压伤。最后一步就是做好运输途中的保温和保湿，运输途中，每隔3～4小时要用清水淋1次，以保持泥鳅皮肤具有一定湿润性，这对保证泥鳅通过皮肤进行正常的呼吸是非常有好处的。在夏季气温较高的季节运输时，可在装泥鳅的容器盖上放置整块机制冰，让其慢慢地自然溶化，冰水缓缓地渗透到蒲包上，既能保持泥鳅皮肤湿润，又能起到降温作用。在11月中旬前后，用此法装运，如果能保持湿润(此时湿度较低，不宜再添加冰块)，3天左右一般不会发生死亡。

五、带水运输

相对于干法运输来说，采用带水运输泥鳅方法适宜较长时间的运输，且存活率较高，一般可达90%以上。

1. 运输容器

带水运输泥鳅用的容器可以采用木桶、帆布袋、尼龙袋、活水船和机帆船、水缸，在运输量较少时大都采用木桶运输，在运输量较大时可用活水船和机帆船来装运，具体的要根据实际需要及自己的条件而定，不可强求。

2. 木桶装运

采用圆柱形木桶作为运输泥鳅的盛装容器，它虽然个体小、储量有限，但是它也有自身的优点。就是既可以作为收购、贮存暂养的容器，又适于汽车、火车、轮船装载运输，装卸方便，换水和运输保管操作便利，从收购、运输到销售不需要更换盛装容器，既省时又省力，还可减少损耗，所以通常用木桶装运。起运前要仔细检查木桶是否结实、是否漏水、桶盖是否完整齐全，以免途中因车船颠簸或摇晃而破损，引起损失。其次，准备几个空桶，随同起运，以备调换之用。

木桶的规格是圆柱形，用1.2～1.5厘米厚的杉木板制成（忌用松板），高70厘米左右，桶口直径50厘米，桶底直径45厘米，桶外用铁丝打三道箍，最上边的这个箍两侧各附有一个铁耳环，以便于搬运。桶口用同样的杉木板做盖，盖上有若干条通气缝以通空气。

容器中装载泥鳅的数量，要根据季节、气候、温度和运输时间等而定。一般容量为60千克左右的木桶，水温在25～30℃，运输时间在1日以内，泥鳅的装载量为25～30千克，另盛清水20～25千克或20～25千克浓度为0.5万～1万单位/升的青霉素溶液；运途在1日以上、水温超过30℃，泥鳅装载量以15～20千克为宜；如果天气闷热应再适当少装，每桶的装载量应减至12～15千克。

运输途中的管理工作主要是定时换水，经常搅拌，搅拌时可用手或圆滑的木棒在桶底轻轻挑起，重复数次让泥鳅迂回转动，将底部的泥鳅翻上来。气候正常、水温在25℃左右，每隔4～6小时换水1次；若遇到风向突变（如南风转北风，北风转南风），每隔2～3小时就需换1次水；气候闷热气温较高时，应及时换水；另外在运输途中，如发现泥鳅长时间浮于水面，并口吐白沫等异常现象时，说明容器中的水质变坏，应立即更换新水，换水时，一定要彻底，换的水以清净的活水（如江水、河水）为最好，不能用碱性较重的泉水、有机质含量较高的塘水。

同时保湿功能也要做好，尤其是在夏季运输泥鳅，水温过高时，可在桶盖上加放冰块，使溶化的冰水逐渐滴入运输水中，促使水温慢慢下降。

3. 尼龙袋充氧密封运输

如果泥鳅运输量较少时（100～150 千克以内），一般采用尼龙袋充氧密封运输的方法。尼龙袋或塑料薄袋的常用规格为：长 70～80 厘米，宽 40 厘米，前端有 10 厘米×15 厘米的装水空隙。

第一，要做好合理的分工工作，通常是 3 人一组完成工作，其中 1 个人主要负责捞泥鳅；另外 2 个人进行合作，1 个人负责掌握氧气袋，另外 1 个人负责充氧气；所有的这些工作必须细心、手脚麻利，不能损坏塑料口袋。

第二，要仔细检查每只塑料袋是否漏气。用嘴向塑料袋吹气，这也是一个办法。另外还有其他的较好的方法，只要将袋口敞开，由上往下一甩，迅速用手捏紧袋口，判断塑料袋中是否漏气。

第三，套袋也有讲究。装泥鳅的尼龙袋，外面应该再套上一只用以加固。有些人先把两只袋套在一起，再去加水、捉鳅，这是欠妥的。应该先用一只袋加好水，然后把另一只袋套上，随后再去捉鳅。

第四，袋中充氧的步骤要注意先后。应在装鳅前就把塑料袋放进泡沫箱或纸板箱试一下，看一看大约充氧到什么位置，一般每袋装 15 千克泥鳅，同时装入 10 千克清水，然后根据这个要求再去捉泥鳅、充氧、充到一定程度就扎口，这样，正好装入箱内。同时正确估计充氧量，充氧量太多时，塑料袋显得太膨胀而不能很好地装进外包装的泡沫箱中；充氧量太少时，可能会导致泥鳅在长时间的运输过程中因氧气不足而发生死亡现象。如在夏季运输，注意袋上面要放冰块，使袋中水温保持在 10℃左右，经过 48 小时后把泥鳅转入清水桶中，泥鳅又可恢复正常，存活率可达 100%。

第五，扎袋要紧。袋扎得紧不紧是漏气的关键，当氧气充足后，先要把里面一只袋离袋口 10 厘米左右处紧紧扭转一下，并用橡皮筋或塑料带在扭转处扎紧，然后再把扭转处以上 10 厘米那一段的中间部分再扭转几下折回，再用橡皮筋或塑料带将口扎紧。最后，再把外面一只塑料袋口用同样的方法分 2 次扎紧，切不可把两袋口扎在一起。否则就扎不紧，容易漏水、漏气。

第六，袋中放水量要适当。袋中装水量过少或过多都不好，一般来讲，装水约在 10 千克左右，但也要看鱼体大小和泥鳅的数量多少而灵活掌握。如果数量少、泥鳅个体小，则可少放些水，反之，如果泥鳅的数量多而且鱼体大时，就需要多放点水。

第七，远程运输还得加微量药物，如加适量浓度为 1 万单位/升的青霉素溶液。能起到防病和降低泥鳅耗氧量的作用，可降低泥鳅在运输中的死亡率。

4. 活水船或机帆船运输

如果泥鳅是集体上市，运输量较大，例如可能达到 10 000 千克以上时，可以考虑到用船运，如果兼有运输时间不长（一般在 24 小时内），加上水运又非常方便的地方，这时用活水船或机帆船运输是最好的选择了，这种运输法的优点是能节约木桶，运输成本低，而且成活率又高，一般在 95%以上。

第一，要选择健壮的泥鳅，凡有外伤或柔弱无力的个体都应剔除干净，不可运输或就地销售。

第二，是船只的选择，船只不宜过大，一般以 30～40 吨的机帆船较好。盛装泥鳅的容量包括水的重量在内不超过实际载重量的 70%，最多不超过 80%。不宜盛装过多，以保证安全运输，有利于操作管理。船边缘要高，船底要平坦，舱盖齐全，船舱不漏水。另备能插入船舱底部的篾筒一个，筒径比水瓢大 1 倍，以便换水操作。装泥鳅的船舱，事先必须彻底清洗，清除有害物质。

第三，是装泥鳅，根据经验，用船运泥鳅时，泥鳅和水的比例一般各 50%，也就是说装上 1 千克泥鳅时，同时配装 1 千克水。

第四，是加强运输管理，运输途中，需要经常翻动泥鳅（注意避免擦伤泥鳅体表)和勤换清水(活水船不换水)。一旦发现死、伤泥鳅,就必须及时清除。运输途中要适时彻底换水。天气正常,水温在25℃时,每隔6～8小时换水1次;天气闷热时,每隔2～4小时换水1次。水质不好时,须泄出一部分水,加添新水。添加或换的水以洁净的江河水为好,切忌用碱性强的水或温差太大的水为水源。

六、泥鳅苗种的运输

泥鳅苗种可用木桶、帆布桶、篓、筐等敞口容器运输,也可用塑料袋充氧密封运输。

1. 运输前的准备工作

泥鳅幼苗和泥鳅种在运输前的准备工作是有一定差别的,如果是没有开食的鳅苗,由于它们是靠卵黄囊来提供营养的,这时可以直接以水花的形式用塑料袋充氧密封运输,但是从提高泥鳅苗种成活率的角度出发,我们不主张运输泥鳅水花。

对于已经开始吃食的鳅苗,在起运前最好先喂一次鸡蛋黄,喂时将蛋黄用纱布包着放在盛水的瓷盆中,捏碎,滤出蛋渣,然后将蛋黄汁均匀洒入盛鳅苗的容器中,每10万尾左右需一个蛋黄。喂食后经2～3小时,再换上一次清水就可起运。

对于已经进行幼苗培育阶段的泥鳅来说,为了提高运输鳅种的适应能力和成活率,泥鳅种在运输前需先拉网锻炼1～2次,起运的当天不投饵,因此要计算好时间,掌握好在运输前一天停止投喂饵料,同时在装运前要先将苗种集中于捆箱内暂养2～3小时左右,目的是让泥鳅排出粪便,洗去体表分泌的黏液,以利于提高运输成活率。

2. 运输时间

运输泥鳅苗种的时间基本上是由泥鳅的孵化期和培育期所决定的,在相对固定的期间内,一定要选择较好的天气,适宜的水温范围一般是5～10℃。

3. 装运泥鳅的规格与密度

泥鳅苗种运输时的密度与它们的规格是密切相关的，基本上是个体越小，装的越多；反之，个体越大，装的就越少。一般运输时装水量约为容器的1/3～1/2。

就1升水体来说，一般是1厘米的鳅苗可装3000～3500尾；1.5～2厘米的鳅苗可装500～700尾；2.5厘米的鳅种可装300～350尾；3.5厘米的鳅种可装150～200尾；4厘米的大规格鳅种宜装120～150尾。

4. 运输管理

泥鳅苗种是比较弱小的，它们适应运输环境的变化能力还是比较小的，稍有不慎，就会造成泥鳅苗种的大批量死亡。因此在运输中一定要注意做好管理工作。

首先是在运输中时刻注意容器内水体溶氧情况，有条件的话，可以用电瓶附加气泡石来充氧。如发现鳅苗浮头，应及时换水，每次换水量为总水体的1/3左右，在换水时，要注意换入的水必须清新，温度不能相差过大，鳅苗不能超过2℃，鳅种不能超过3℃。

其次是投饲问题，原则上泥鳅苗种在运输过程中是不喂食的，但是在远程运输的情况下，有时确实需要投饲一次两次，这时一定要掌握适量，尽可能是少量投喂，而且在投饲前换水，投饲后隔4～5小时才能换水。因为饱食后换水，容易造成死亡。

再次是保护好鳅苗，由于幼鳅活动能力低，运输过程中容易聚集成团，最后黏结在一起而出现窒息的情况。为了避免这种现象的发生，在长距离运输时最好在幼鳅中加几尾大一些的泥鳅一起运输，通过大泥鳅的不断钻窜，可以有效地减少黏结现象。

最后就是要做好降温措施，由于时间关系，大部分鳅苗和鳅种在运输时，都有可能是高温季节，这时一定要做好降温工作，可以用冰块来降温，效果不错。使用冰块时，也要注意技巧，不能将冰块直接放入水中，否则会导致泥鳅苗种发生感冒现象，此时可将冰块放在帆布桶等运输容器之上，让融化的冰水滴入桶中。用塑料袋运鱼时，可将冰块放在另一塑料袋中，贴近装鱼的塑料袋，置于同一纸箱中。

5. 泥鳅苗种的挑运

对于距离比较近的情况下，有时也采用人力挑运苗种，除了用专用的鱼篓或白铁皮制的鱼苗篓外，最常用的就是木桶了。装水量为桶的1/3～1/2，每担（两只桶）盛水25～40千克，由于在挑运时，桶中的水会随着步伐的起伏而有波动，这样就会增加水中的溶氧量，因此装苗的数量也可以多一点，根据生产实践，我们建议每担桶中，1厘米以下的鳅苗可装6万～7万尾；1～1.5厘米的装2万～4万尾；1.5～2厘米的装1万～1.4万尾；2.5厘米的装6000～7000尾；3.5厘米的装3500～4000尾；5厘米的装2500～3000尾。

七、成鳅的运输

1. 蓄养

成鳅就是可以上市供人们食用的大规格泥鳅，起捕以后，要在绝食状态和密集条件下，先经过1～3天的清水蓄养，才能外运交售。蓄养的目的，一是使泥鳅去掉泥腥味，提高成鳅的食品质量；二是使鱼排出粪便，降低暂养和运输中的耗氧量，提高运输存活率。常用的蓄养方法有鱼篓蓄养和木桶蓄养两种。

(1)鱼篓蓄养：就是用专用的泥鳅蓄养篓来进行蓄养，蓄养篓的具体规格可以根据生产实际情况而定，不可千篇一律。先把捕上来的泥鳅装在蓄养篓里，然后把篓子放在水里进行蓄养，但是在不同的环境下，泥鳅的蓄养量是有一定区别的，如果放在静水中蓄养时，由于水体交换较慢，1篓宜装泥鳅7～8千克，而如果放在流水中蓄养时，它的装鳅数量可以达到在静水中的2倍甚至更多，达到 15～20 千克。篓放在水中时，不要全闷在水里，最好让篓子的 1/3 露在水面以上，以保证泥鳅能进行肠呼吸。

（2）木桶蓄养：就是用农村中常见的水桶进行蓄养，如果没有水桶时，用熟胶制成的塑料桶也可以，容量为 100 升的大木桶可蓄养泥鳅 15 千克。在蓄养的前 5 天要勤换水，每天要换水 4～5 次，2 天以后每天换水 2～3 次，每次换桶内水量的 1/4 左右就可以了。

2. 运输

运输成鳅的方法很多，常用的方法有干湿运输、带水运输和尼龙袋充氧运输，具体的运输方法和前文基本上是一致的，在此不再赘述。

参考文献

1　印杰. 泥鳅健康养殖技术. 北京:化学工业出版社,2008

2　潘建林. 黄鳝与泥鳅养殖新技术. 上海:上海科学出版社,2002

3　秦莉. 泥鳅养殖六要素. 农业致富. 2007,(18):40

4　印杰. 张从义等. 泥鳅池塘养殖的日常管理. 重庆水产,2008,(4):28

5　占家智　羊茜. 水产活饵料培育新技术. 北京:金盾出版社,2002

6　徐在宽　徐明. 怎样办好家庭泥鳅黄鳝养殖场. 北京:科学技术文献出版社,2010

7　北京市农林办公室等编. 北京地区淡水养殖实用技术. 北京:北京科学技术出版社,1992

8　凌熙和. 淡水健康养殖技术手册. 北京:中国农业出版社,2001

9　戈贤平. 淡水优质鱼类养殖大全. 北京:中国农业出版社,2004

10　江苏省水产局. 新编淡水养殖实用技术问答. 北京:中国农业出版社,1992